秋叶 赵倚南 ◎ 编著

人民邮电出版社
北京

图书在版编目（CIP）数据

和秋叶一起学 ：秒懂WPS演示文稿 / 秋叶，赵倚南编著. -- 北京 ：人民邮电出版社，2021.11（2024.7重印）
ISBN 978-7-115-57215-8

Ⅰ. ①和… Ⅱ. ①秋… ②赵… Ⅲ. ①办公自动化－应用软件 Ⅳ. ①TP317.1

中国版本图书馆CIP数据核字(2021)第172010号

内容提要

在职场中，你是否遇到过以下问题，如每次做演示文稿都要加班？演示文稿设计技巧太多，学完就忘？知道一些演示文稿设计技巧，但不知道如何运用？

如果你希望快速提高自己的演示文稿设计技能，并且能够灵活应用，本书就是你学习的不二之选！

本书以 WPS 演示基础操作+实战运用组织内容，主要讲解在工作中几分钟就能掌握的实用 WPS 演示操作，包括 WPS 演示高效操作、WPS 演示实用技巧、演示文稿炫酷特效、演示文稿创意设计四大板块。每个技巧介绍都配有图文详解与视频演示，让你所见即所得，随学随查，解决职场中的 WPS 演示应用痛点，提升工作效率与效果。

本书充分考虑初学者的知识水平，内容从易到难，能让初学者轻松理解各个知识点，快速掌握职场必备的 WPS 演示技能。本书大部分案例来源于真实职场，职场新人系统地阅读本书，可以节约在网上搜索答案的时间，提高工作效率。

◆ 编　　著　秋　叶　赵倚南
责任编辑　李永涛
责任印制　王　郁　彭志环

◆ 人民邮电出版社出版发行　　北京市丰台区成寿寺路 11 号
邮编　100164　　电子邮件　315@ptpress.com.cn
网址　https://www.ptpress.com.cn
廊坊市印艺阁数字科技有限公司印刷

◆ 开本：880×1230　1/32
印张：5.625　　2021 年 11 月第 1 版
字数：157 千字　　2024 年 7 月河北第 16 次印刷

定价：49.90 元

读者服务热线：(010)81055410　印装质量热线：(010)81055316
反盗版热线：(010)81055315
广告经营许可证：京东市监广登字 20170147 号

目 录
CONTENTS

第 3 章　演示文稿炫酷特效 / 091

和秋叶一起学

秒懂WPS演示文稿

绪论

这是一本适合“碎片化”学习的职场技能图书。

市面上大多数的职场类书籍，内容偏学术化，不太适合职场新人“碎片化”学习。对于急需提高职场技能的职场新人而言，并没有很多的“整块”时间去阅读、思考、记笔记，他们更需要的是可以随用随查、快速解决问题的“字典型”办公技能书。

为了满足职场新人的办公需求，我们编写了本书，对职场人关心的痛点问题一一解答。希望能让读者无须投入过多的时间去思考、理解，翻开书就可以快速查阅，及时解决工作中遇到的问题，真正做到“秒懂”。

本书具有“开本小、内容新、效果好”的特点，紧紧围绕“让工作变得轻松高效”这一编写宗旨，根据职场新人WPS演示办公应用的“刚需”设计内容。本书在提供解决方案的同时还做到了全面体现软件的主要功能和技巧，让读者在解决问题的过程中，不仅能知其然，还能知其所以然。

因此，本书在撰写时遵循以下两个原则。

（1）内容实用。为了保证内容的实用性，书中所列的技巧大都来源于真实的需求场景，汇集了职场新人最为关心的问题。同时，为了让本书更实用，我们还查阅了抖音、快手上的各种热点和操作技巧，并择要收录。

（2）查阅方便。为了方便读者查阅，我们将收录的技巧分类整理，并以问答形式设计目录标题，既体现了知识点，又体现了其应用场景，使读者在看到标题的一瞬间就知道对应的知识点可以解决什么问题。

我们希望本书能够满足读者的“碎片化”学习需求，能够帮助读者及时解决工作中遇到的问题。

做一套图书就是打磨一套好的产品。希望秋叶系列图书能得到读者发自内心的喜爱及口碑推荐。

我们将精益求精，与读者一起进步。

最后，我们还为读者准备了一份惊喜！

微信扫描下方二维码，关注并回复关键词“WPS 演示”，可以免费领取我们为本书读者量身定制的超值大礼包，内容包括：

66 个配套操作视频
54 套实战练习案例文件
30 套优质简历 WPS 演示模板
50 套商业策划 WPS 演示模板
100 套工作汇报 WPS 演示模板
100 套各种风格精美的 WPS 演示模板

还等什么，赶快扫码领取吧！

和秋叶一起学

秒懂 WPS 演示文稿

第 1 章 WPS 演示高效操作

WPS 是目前应用非常广泛的国产办公软件。“工欲善其事，必先利其器。”想要更好地使用 WPS 进行办公，成为职场达人，就必须先了解它的基础操作，本章将带你快速入门软件，提高效率。

扫码回复关键词“WPS 演示”，下载配套操作视频

1.1 WPS 演示的高效操作技巧

本节主要介绍 WPS Office 软件的下载、安装，不同格式办公文档之间的快速转换及 WPS 演示可批量化实现的操作。

01 在哪里下载 WPS Office 软件?

想要学习 WPS Office 软件，如果没有软件可用，岂不是很尴尬。网络上的资源鱼龙混杂，注意不要下载带有病毒的资源。那么，哪里有安全的软件安装包可供下载呢?

1 在百度网中搜索并打开名为“WPS 官方网站”的网站。

WPS官方网站_金山办公_办公软件与办公方式的开拓者和引领者

金山办公旗下WPS Office、金山文档、WPS+云办公等系列产品服务,通过提供“以云服务为基础,多屏、内容为辅助,AI赋能所有产品”为代表的未来办公新方式,助力企业客户和个人高效...

 百度快照

2 在 WPS 官方网站就能看到 WPS Office 软件下载的界面。

3 将鼠标指针悬停在【立即下载】按钮上，在下拉菜单中根据自己计算机中所安装的操作系统类型选择相应的WPS Office版本进行下载。

02 如何将演示文稿文件转换成 WPS 文字文档?

制作好一份演示文稿文件后，如果想把里面的文字内容都提取到 WPS 文字文档中，你会怎么办？难道是一页一页地复制、粘贴内容吗？如果在制作演示文稿的时候严格使用了幻灯片母版中内置的版式，就可以轻松完成文本的提取。

1 在【文件】菜单中选择【另存为】命令，在右侧选择【转为 WPS 文字文档】命令。

2 在【转为 WPS 文字文档】对话框中单击【确定】按钮。

3 在【保存】对话框中选择文件要保存的位置，在【保存类型】下拉列表中选择“WPS 文字文件（*.wps）”，单击【保存】按钮即可完成转换。

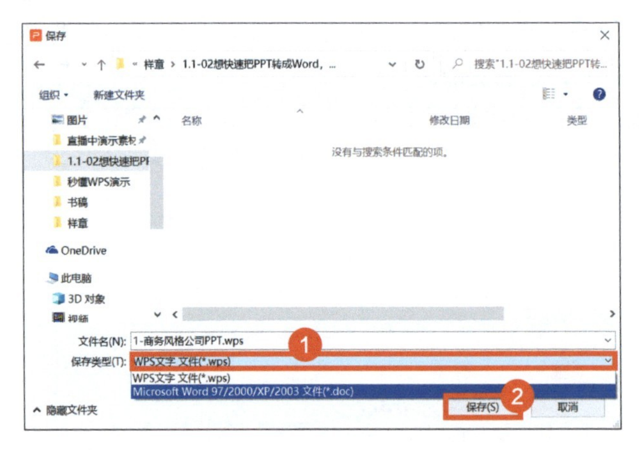

03 如何将 WPS 文字文档转换成演示文稿？

很多人不知道，把 WPS 文字文档里面的内容迁移到演示文稿中其实根本不用复制、粘贴，也可以快速搞定。只需在 WPS 文字文档的大纲视图中为内容设置好大纲级别，可以通过命令直接将 WPS 文字文档输出为演示文稿。

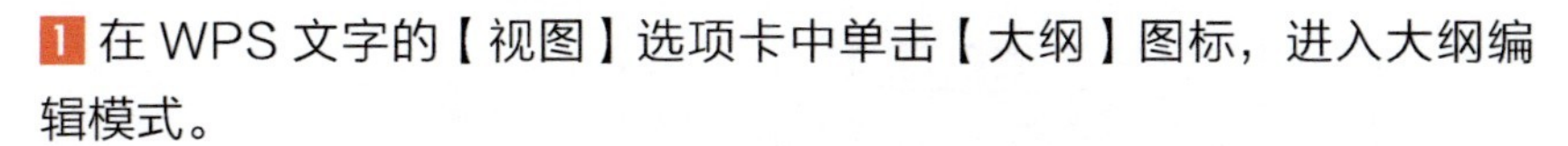

1 在 WPS 文字的【视图】选项卡中单击【大纲】图标，进入大纲编辑模式。

2 在【大纲】选项卡中将文本的标题和正文设置成与演示文稿相对应的大纲级别。

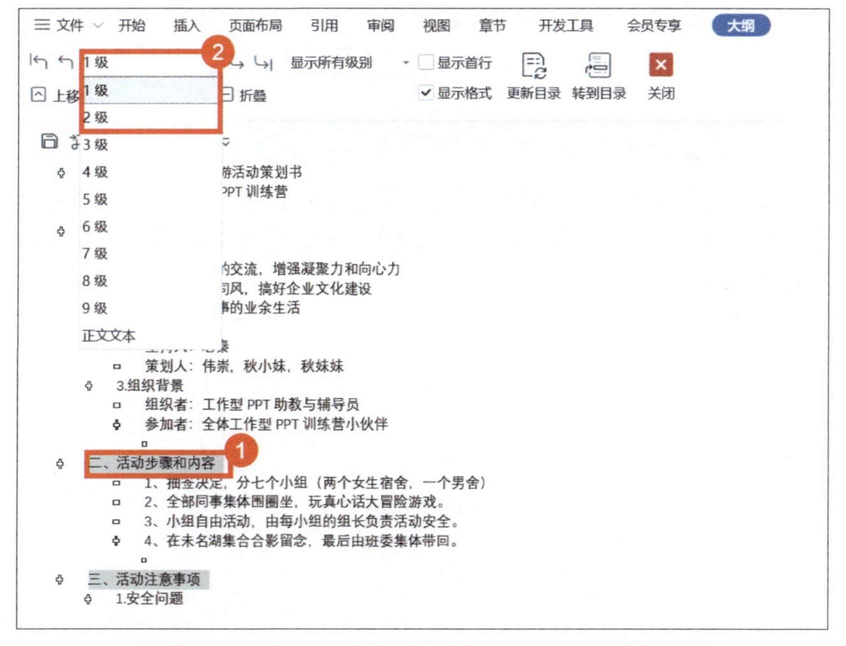

WPS文字文档内容	演示文稿内容
文件名	幻灯片的主题页
1级大纲	幻灯片目录页内容、章节页标题、内容页标题
2级大纲	幻灯片内容页小标题
3级大纲	幻灯片内容页正文

3 在【文件】菜单中选择【输出为 PPTX】命令。

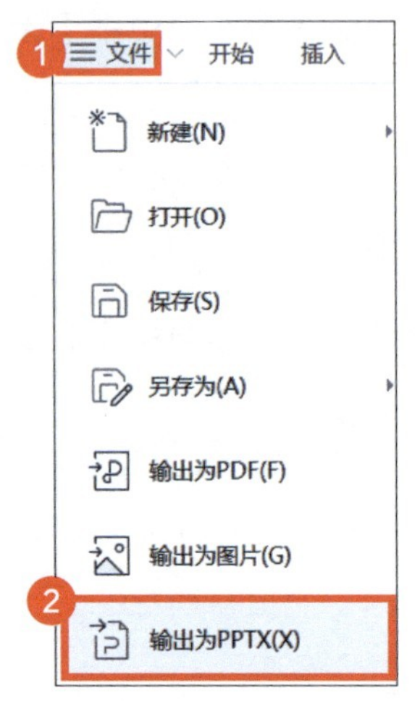

4 在【输出为 pptx】对话框中单击【输出至】文本框右侧的 ··· 按钮，选择要保存的文件路径，保持联网状态，单击【开始转换】按钮，即可完成转换。

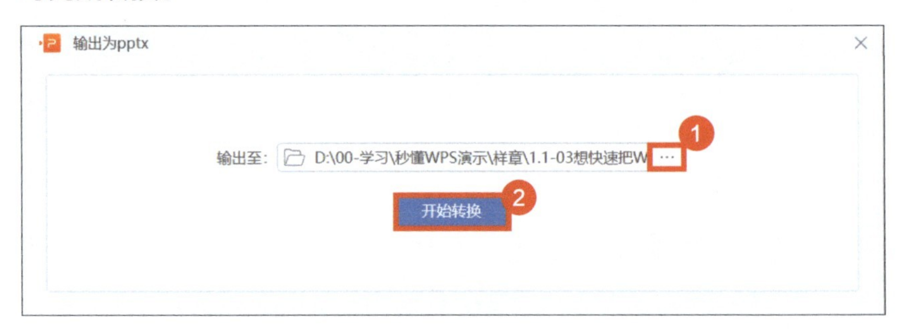

04 演示文稿中如何一次性批量插入多张图片?

要将公司团建的照片制作成演示文稿，且每张照片都要单独做成一页幻灯片。有好几百张照片呢，难道只能不断新建一页页幻灯片，再不断复制、粘贴照片吗？有没有批量操作的方式呢?

1 在【插入】选项卡中单击带向下箭头的【图片】图标，在弹出的菜单中选择【分页插图】命令。

2 弹出【分页插入图片】对话框，按住【Ctrl】键单击选择要插入的图片，单击【打开】按钮，就可以把图片批量添加到每一张幻灯片上。

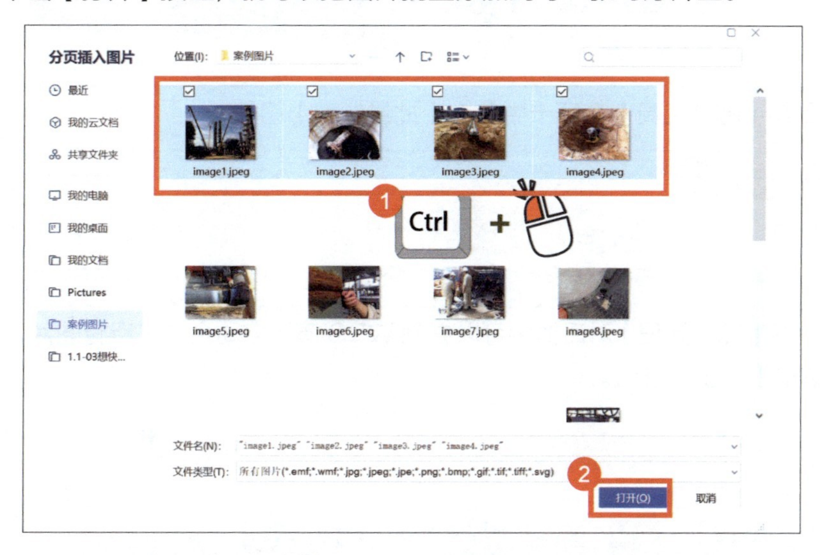

05 如何快速提取出演示文稿中的所有图片?

看到一份优秀的 WPS 演示文稿，非常喜欢其中的图片素材，想要将它们都保存下来，除了一页一页地另存为文件外，有没有什么方法可以快速提取演示文稿中的所有图片呢?

1 打开 WPS 演示文稿，单击任意一张图片。

2 在【图片工具】选项卡中单击【批量处理】图标。

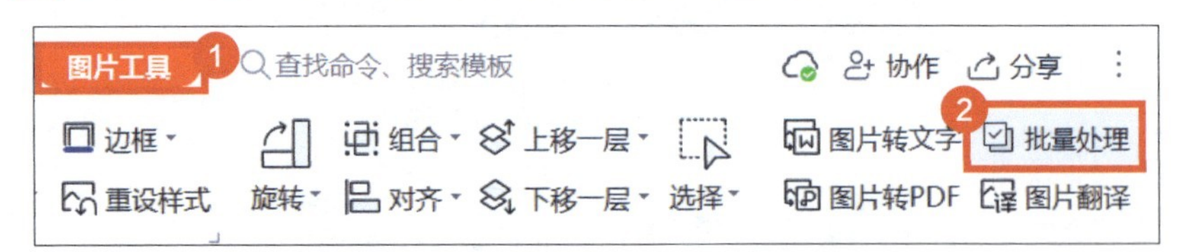

3 在【批量处理】对话框中可以看到WPS演示自动全选了所有图片，单击【导出】按钮。

4 在【导出图片】对话框中选择导出位置，单击【开始导出】按钮。

5 在【导出完成】对话框中单击【打开文件夹】按钮，就可以在文件夹中看到所有导出的图片。

06 如何快速更改演示文稿的主题颜色?

网络上有很多优秀的演示文稿模板供我们使用，可以大大节约我们制作演示文稿的时间，也可以给我们提供设计灵感。但很多时候，模板的主题颜色并不是我们所需要的，那有没有什么方法可以快速更改主题颜色呢?

方法 1：配色方案法

1 在【设计】选项卡中单击【配色方案】图标。

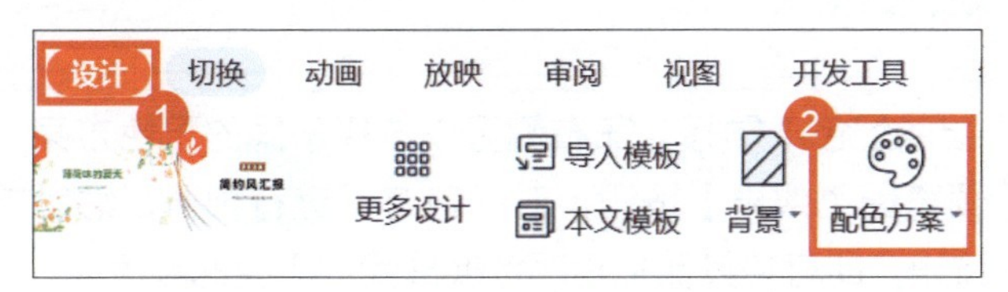

2 在弹出的菜单中选择一种颜色样式，即可将演示文稿的主题颜色快速换成我们需要的颜色。

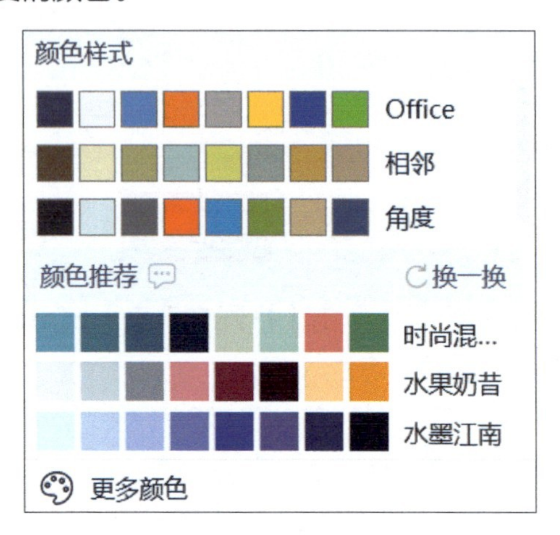

方法 2：智能美化法

1 在【设计】选项卡中单击【智能美化】图标。

2 在【选择你要美化的页面】对话框中可以看到默认是全选所有的页面，可以通过单击每个页面右下角的复选框来选择需要调整的页面。

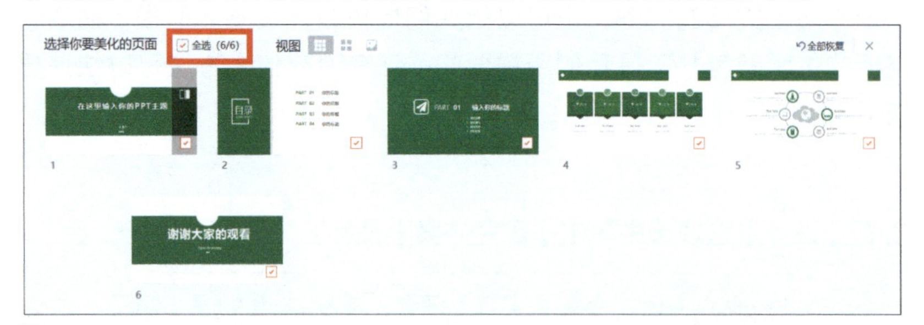

3 单击【智能配色】图标，在右侧可以选择不同的配色方案，可以通过单击【预览配色效果】按钮，对配色方案进行预览，然后单击【应用美化】按钮，即可将其他主题颜色换成我们需要的颜色。

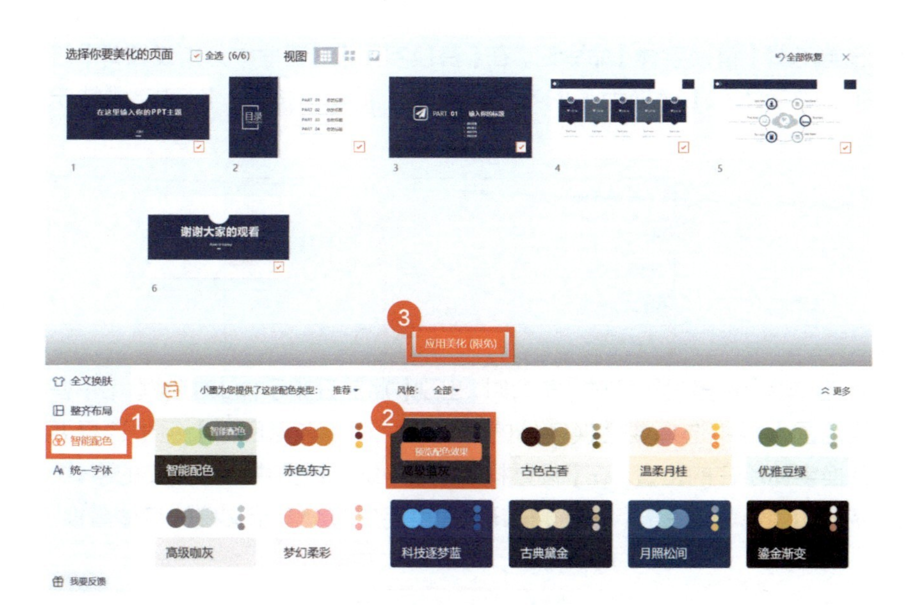

07 如何快速统一演示文稿中的字体?

实际工作中，我们经常会修改其他人制作的演示文稿，最令人头痛的操作之一就是统一字体了！比如把演示文稿中的“宋体”“等线”等统一修改为“微软雅黑”。有没有比较快捷的方法呢?

1 在【开始】选项卡中单击【演示工具】图标，在弹出的菜单中可以选择【替换字体】或【批量设置字体】命令。

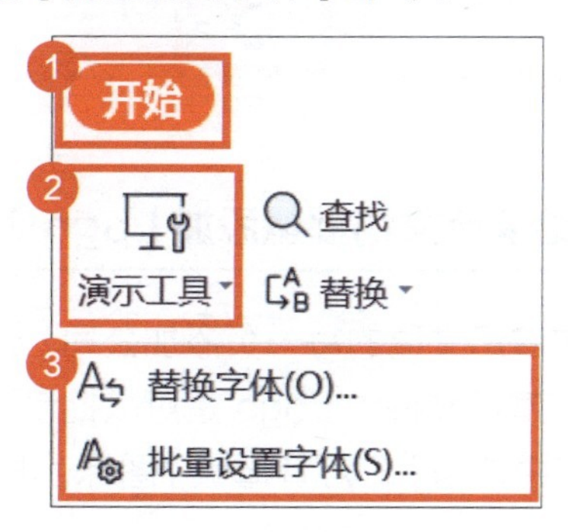

2 当选择【替换字体】命令时，在【替换字体】对话框中分别设置好【替换】的字体和【替换为】的字体，单击【替换】按钮，即可完成特定字体的替换。

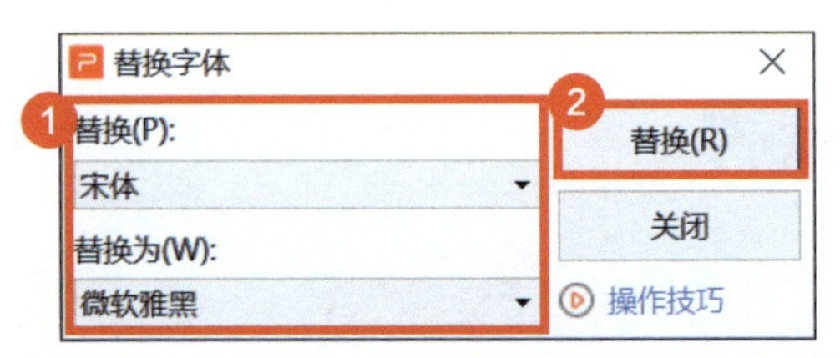

3 当选择【批量设置字体】命令时，出现【批量设置字体】对话框，在【替换范围】组中选择要替换字体的幻灯片，在【选择目标】组中选择要替换字体所在的位置，在【设置样式】组中统一设置中文和西文的字体、字号和字色等，单击【确定】按钮，即可完成整个演示文稿的字体替换。

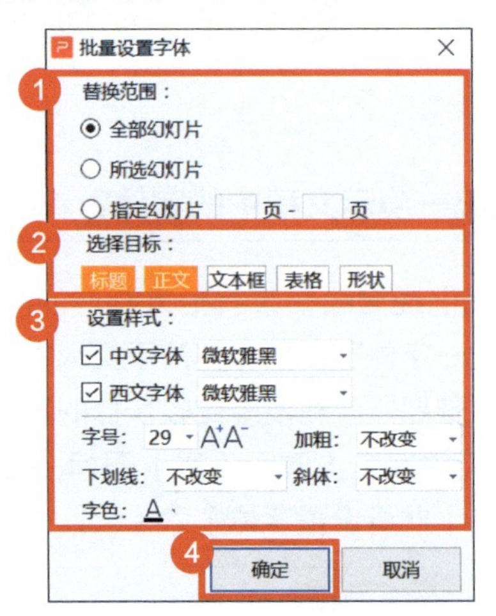

08 如何快速给演示文稿批量添加 Logo？

要为已制作好的演示文稿的每一页添加公司 Logo 时，只能手动添加吗？当然不是！在演示文稿中 Logo 是可以批量添加或删除的！

1 在【视图】选项卡中单击【幻灯片母版】图标，进入幻灯片母版视图。

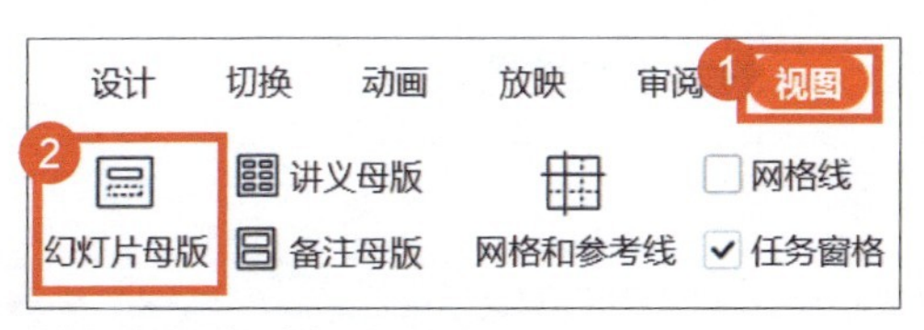

2 在左侧幻灯片缩略图中选择主母版。

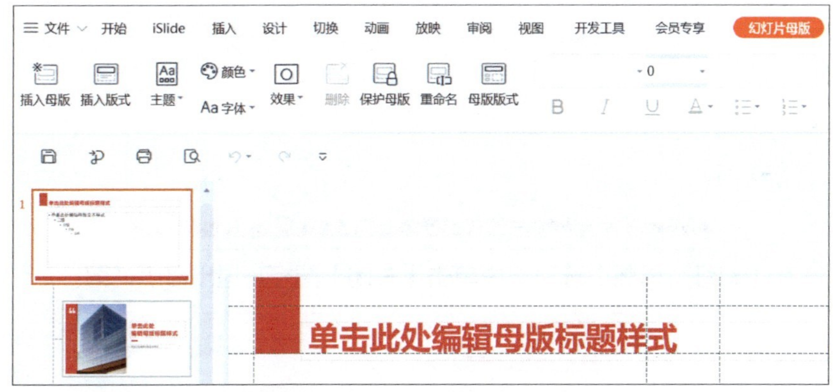

3 在【插入】选项卡中单击【图片】图标。

4 在【插入图片】对话框中选择要插入的 Logo，单击【打开】按钮。

5 按需求调整 Logo 的大小和位置。

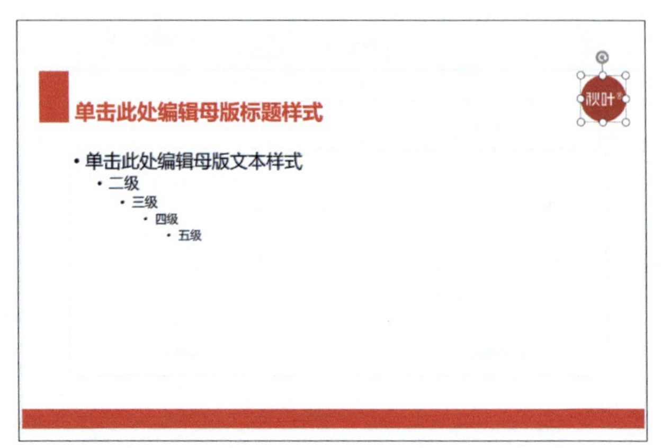

6 在【幻灯片母版】选项卡中单击【关闭】图标，退出母版视图。

通过以上操作，不管你的演示文稿有多少页，都可以快速添加、删除、修改 Logo！

09 如何对文字进行快速排版？

多段文字排版一直是制作演示文稿的难点，有没有快速排版的技巧呢？下面介绍两种在 WPS 演示中进行快速排版的方法，让你轻松搞定文字排版！

方法 1：智能图形法

1 如果文字内容分为小标题和正文，就将光标置于正文的段落前，按【Tab】键进行缩进，将正文部分设置为二级文本。

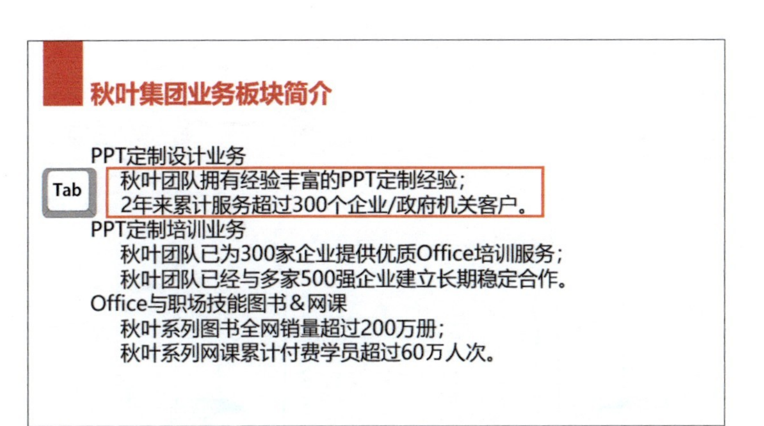

2 单击文本区域，在【文本工具】选项卡中单击【转智能图形】图标。

3 在弹出的菜单中选择【更多智能图形】命令。

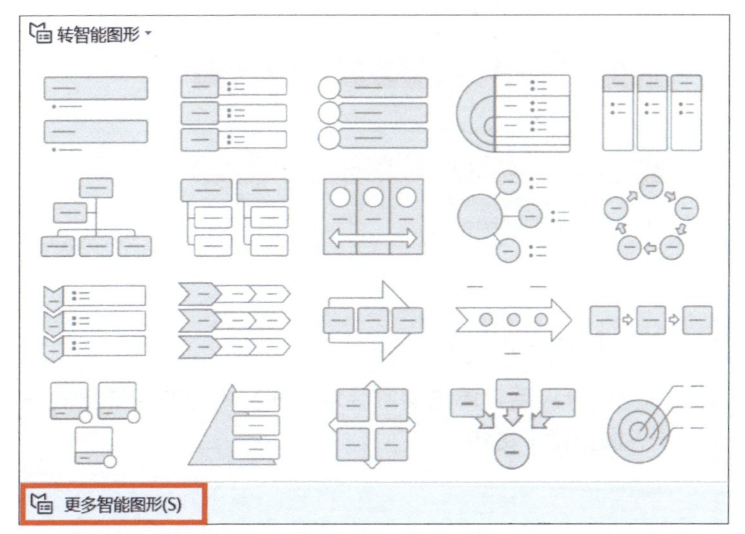

4 在【选择智能图形】对话框中选择【列表】-【垂直框列表】命令，单击【插入】按钮，就可以看到文字按照列表方式进行排版。

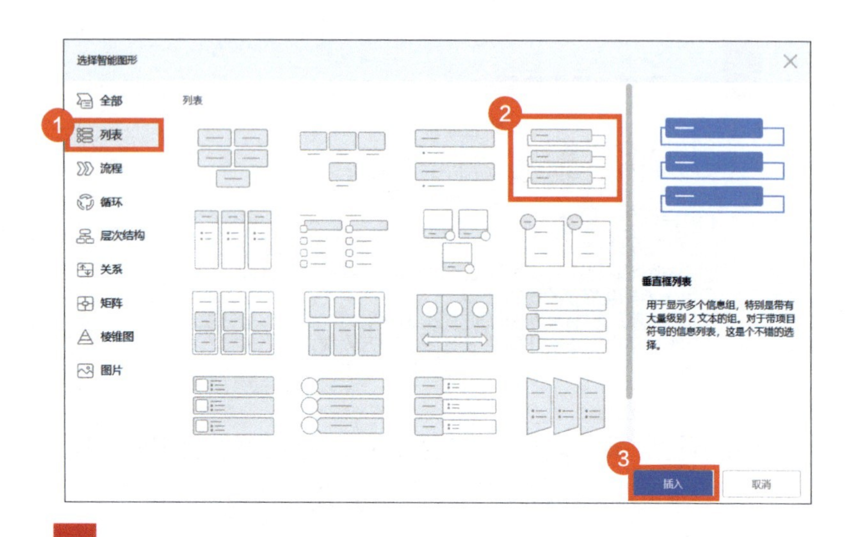

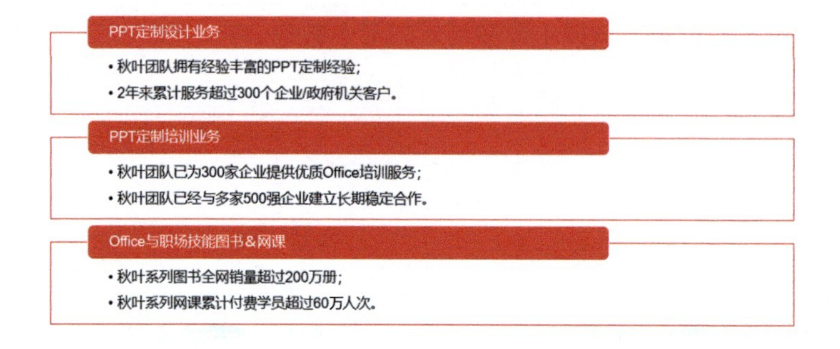

方法 2：一键速排法

1 在对文本完成分级后，单击文本区域，在文本框右侧弹出的一列按钮中单击【一键速排】按钮。

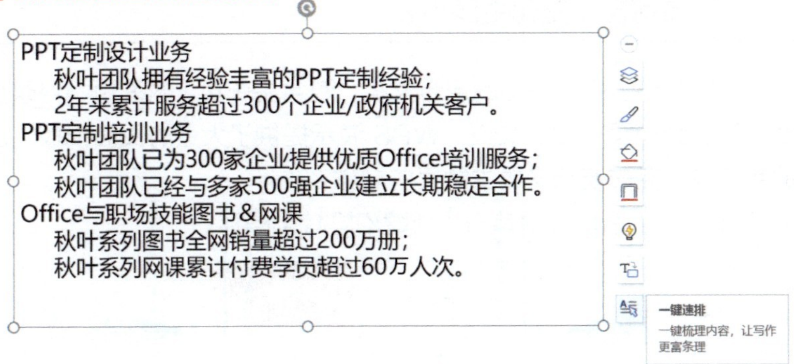

2 在右侧弹出的对话框中可以看到很多的排版样式，将鼠标指针放置在对应的样式上可以进行预览，单击选中某种样式，即可按选中样式进行排版。

秋叶集团业务板块简介

1 PPT定制设计业务
- 秋叶团队拥有经验丰富的PPT定制经验；
- 2年来累计服务超过300个企业/政府机关客户。

2 PPT定制培训业务
- 秋叶团队已为300家企业提供优质Office培训服务；
- 秋叶团队已经与多家500强企业建立长期稳定合作。

3 Office与职场技能图书&网课
- 秋叶系列图书全网销量超过200万册；
- 秋叶系列网课累计付费学员超过60万人次。

10 如何自动美化主题页?

一份合格、逻辑清晰的演示文稿，包含主题页（封面页、目录页、章节页、结束页）和正文页。WPS 演示提供了大量的页面模板，能帮助我们快速完成演示文稿主题页的制作。

1 在【开始】选项卡中单击【新建幻灯片】图标。

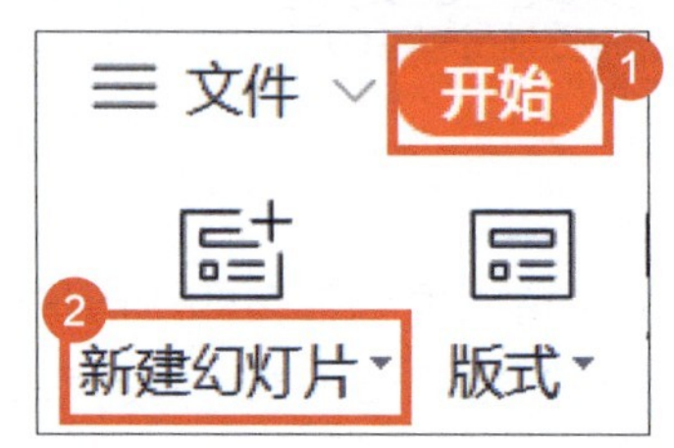

2 在弹出的菜单中选择【主题页】命令，可以看到【主题页】下包含【封面页】【目录页】【章节页】和【结束页】，这里以【封面页】为例。单击【封面页】选项，在【风格特征】和【颜色分类】栏中选择需要的版式风格和颜色，右侧就展示出与之相关的模板。

3 单击需要的模板，进入模板下载界面，可以在右侧勾选所需要的页面，单击【立即下载】按钮，就可以直接使用该模板。

4 更改标题内容，对模板内容进行修改，就能快速制作一个封面页。如果想应用整份模板，可以单击幻灯片页面，在下方出现的工具栏中单击【整套】按钮。

5 在右侧出现的【智能特性】面板中勾选需要下载的页面模板，单击【立即下载】按钮，就可以快速地制作出【目录页】【章节页】【结束页】和【正文页】。

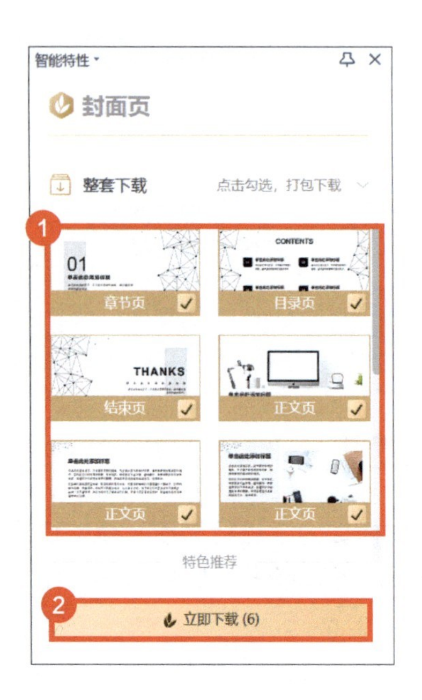

11 如何快速美化整套演示文稿?

对于大多数用户而言，制作演示文稿的第一大难题是美化，毕竟一份好看的模板总能让演示文稿看起来很高档。利用 WPS 演示的【智能美化】功能，只需输入简单的内容，即可一键让简单的内容智能匹配上精美的模板，实现快速美化整套演示文稿。

1 打开一份需要美化的演示文稿，在【设计】选项卡中单击【智能美化】图标。

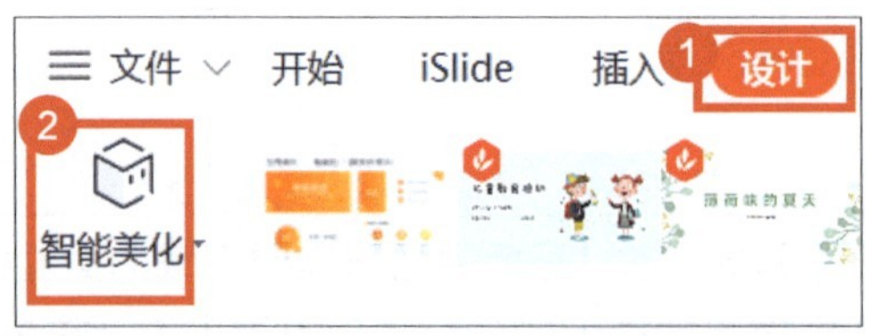

2 在弹出的对话框中单击【全文换肤】选项就可以看到 WPS 演示为演示文稿提供的各种美化方案。单击【更多】按钮，在下拉列表中可

以选择不同的风格，这里以【小清新】风格为例。

3 单击需要的模板，可以对模板进行预览，单击【应用美化】按钮，就完成了整套演示文稿的快速美化。

1.2 演示文稿的高效素材资源

本节主要介绍演示文稿素材的获取与应用，包括图片、图标、字体和实用的工具网站。了解并掌握这些资源可以让我们制作演示文稿的效率大大提高。

01 高清图片去哪里找?

辛辛苦苦做出来的演示文稿，如果图片模糊、图标难看，那么演示文稿的质量会大打折扣。到底去哪里才能找到好看又免费的素材呢?推荐下面这几个网站（在百度网中搜索网站名称即可）。

1. Pixabay

“Pixabay”拥有上百万张优质图片和丰富的视频素材，是目前全球最大的免费商业版权图库，支持中文检索。

2. Pexels

与“Pixabay”类似，“Pexels”允许用户自行上传作品，是图片质量非常高的免费商业版权图库，支持英文检索。

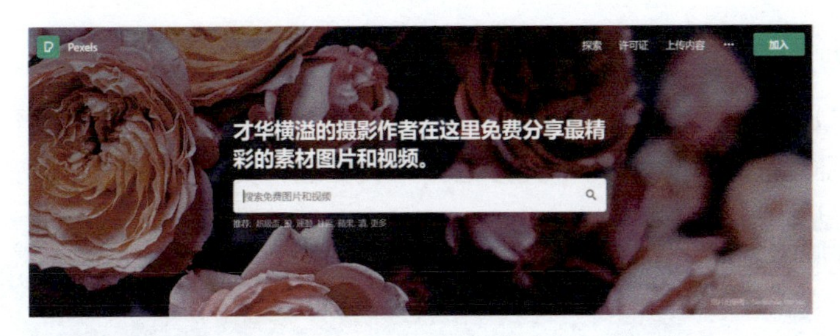

3. Gratisography

“Gratisography”是一位国外摄影师的个人网站，他的照片具有很强的代入感，可以直接用作当设计素材，网站里的照片也都是可免费商用的。

4. Unsplash

“Unsplash”最大的特色就是免费、无版权，而且收录的图片都极具设计感。

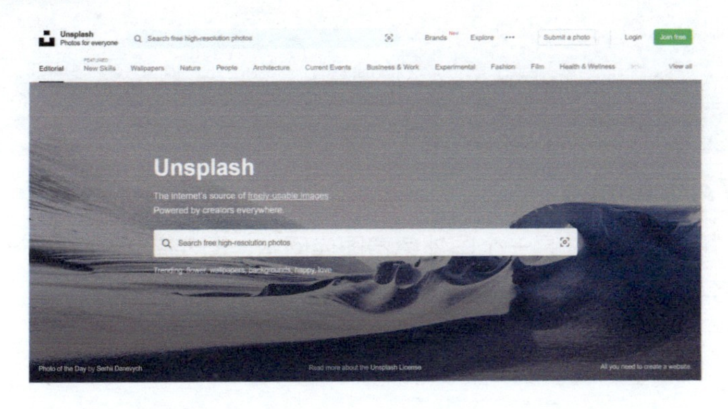

5. Freeimages

“Freeimages”是一个免费商业图片素材网站，目前拥有超过 40 万张的图片资源，有中文分站和中文界面，支持中文搜索。

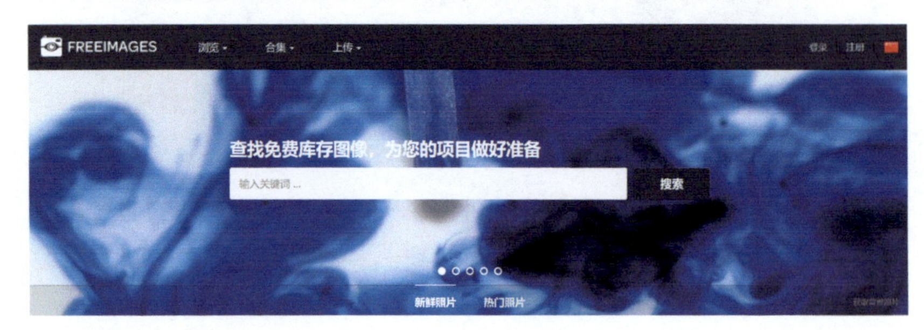

6. Magdeleine

“Magdeleine”的口号：每天分享一张高质量图片。提供的图片以摄影图片为主，包含不少户外摄影的优质图片。

7. Picjumbo

“Picjumbo”是一个国外免费图库网站，图库有 1500 多个分类，使用者可在网站里通过搜索或分类浏览方式找到各种图片。

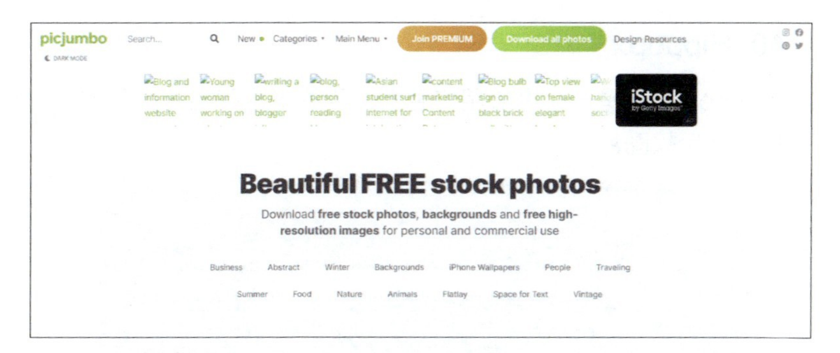

8. Pxhere

“Pxhere”是一家免费素材下载网站，目前提供了超过 100 万张的高质量摄影作品，可免费用于个人和商业用途，支持中文搜索。

9. 西田图像

西田图像是国内的一家免版权图片网站，有超过 20 万张图片，它给不同用途的图片进行了分类，在该网站能为一些常用的主题找到不错的配图。

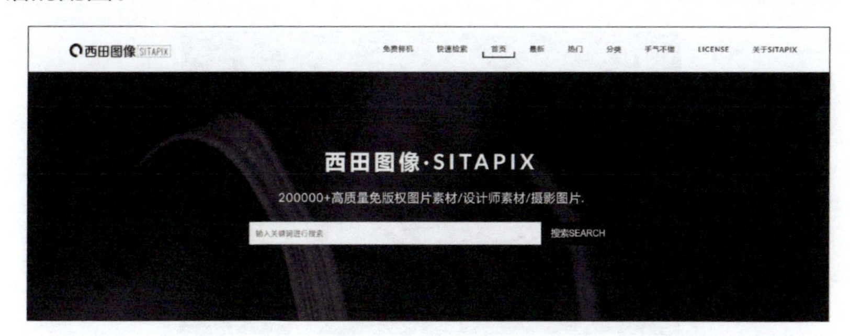

10. Hippopx

“Hippopx”是一个可供用户免费使用的图库网站，收录超过 20 万张的免费授权图片。

很多好的素材网站都是英文的，而自己的英文不太好，该怎么办？可以利用翻译软件将要搜索素材的关键词翻译成英文后，再在这些网站中查找，就可以找到丰富的素材。

02 免费图标素材去哪里找？

图标美化演示文稿是非常有效的方法，怎样才能找到免费又海量的图标素材呢？不妨看看下面这几个网站（在百度网中搜索网站名称即可）。

1. Roundicons

“Roundicons”拥有非常多的高质量图标，甚至连 5D 风格全彩图标都是免费的。

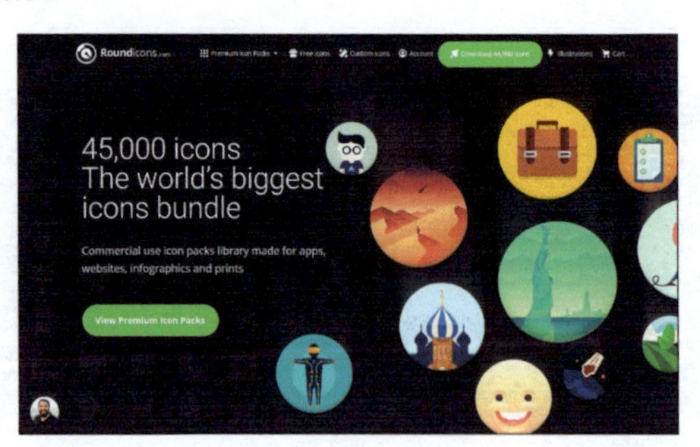

2. unDraw

“unDraw”是一个提供免费 SVG 图片素材的网站。

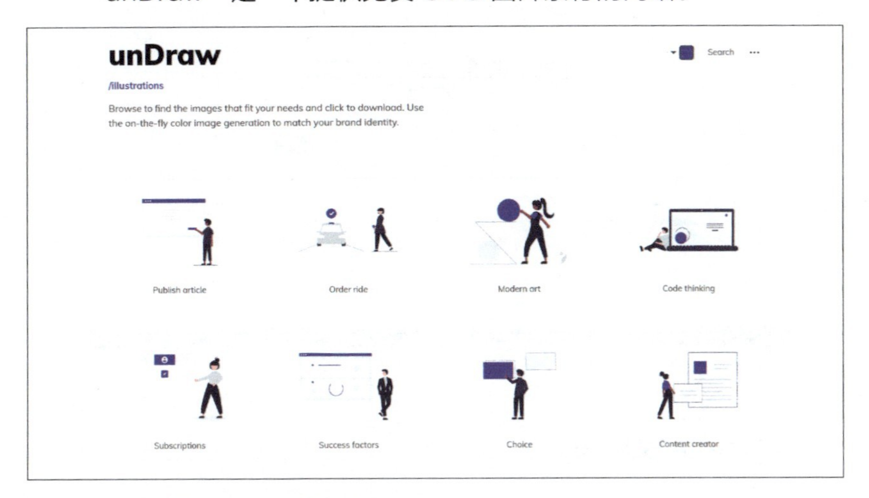

3. emoji.streamlineicons

这是一个表情下载网站，我们想要的表情在这里基本都能找到。

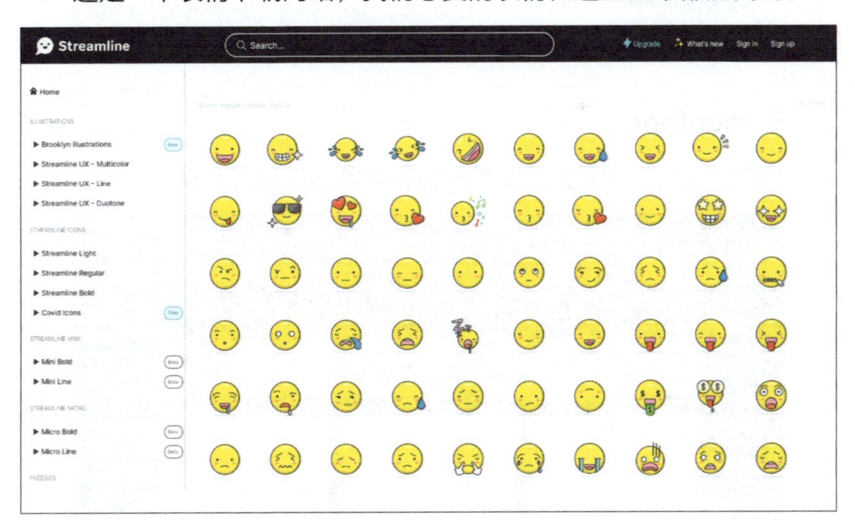

4. icons8

“icons8”是一个以提供免费的平面设计图案为主的网站，同时网站还提供了各种格式和配色的选择。

5. Iconfont

这是国内功能很强大且图标内容很丰富的矢量图标库。

6. 60Logo

这个网站有 10 余万个品牌的高清矢量 Logo 图，都可免费下载。

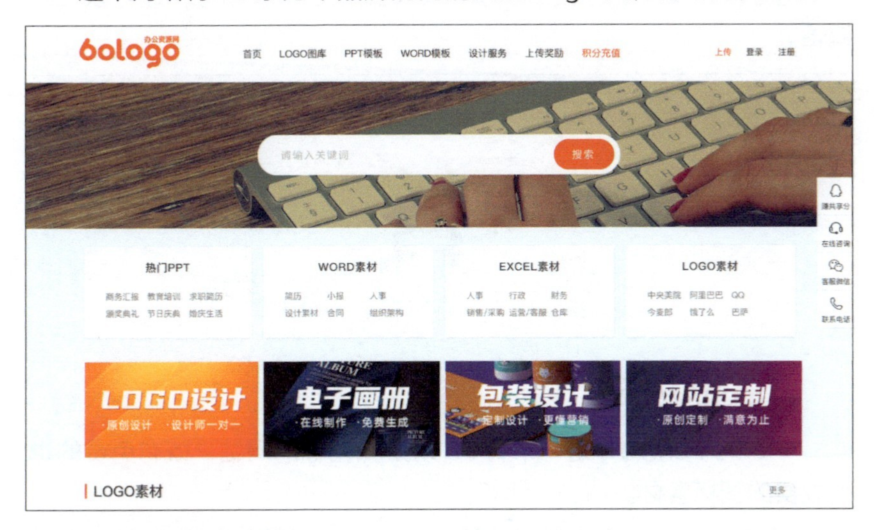

7. Pictogram2

“Pictogram2”是日本的一个矢量图标网站，其图标素材非常丰富、形象。

8. Easyicon

这是一个中文图标搜索引擎，支持按颜色查看图标，还可以在线编辑。

9. IconArchive

“IconArchive”是一个有 70 余万张图标的网站，既有免费的也有收费的图标素材。

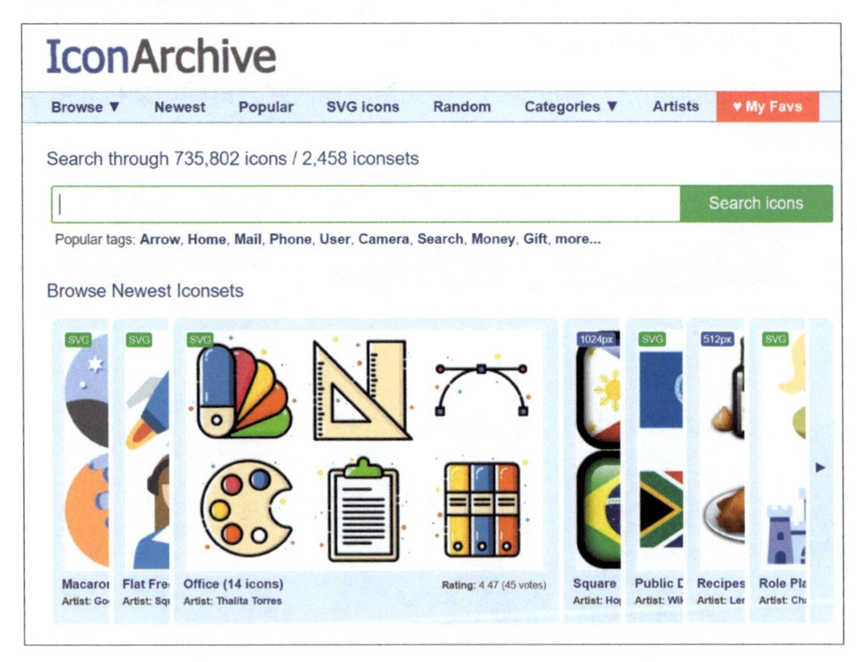

10. WorldVectorLogo

“WorldVectorLogo”拥有全球最大的 SVG 徽标矢量图合集。

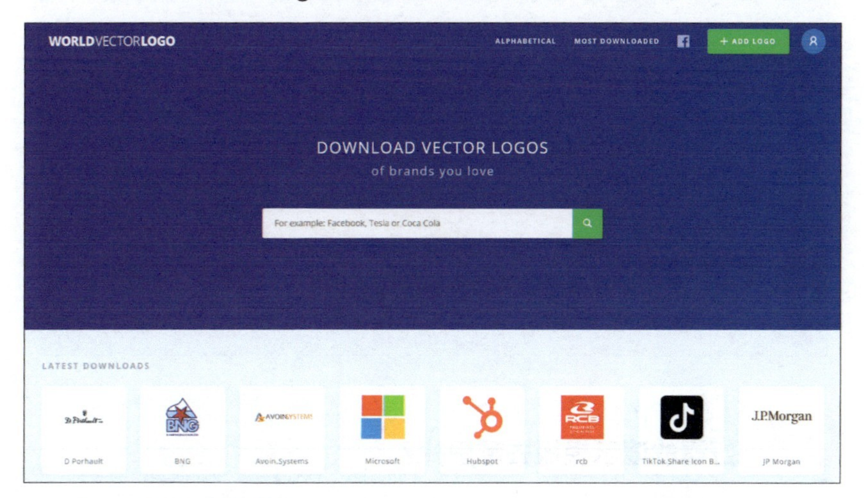

11. iSlide 插图库

可根据需求，随时修改替换插图素材，但需要安装“iSlide”插件。

12. pimpmydrawing

该网站提供免费的白描线稿风格人物矢量图下载。

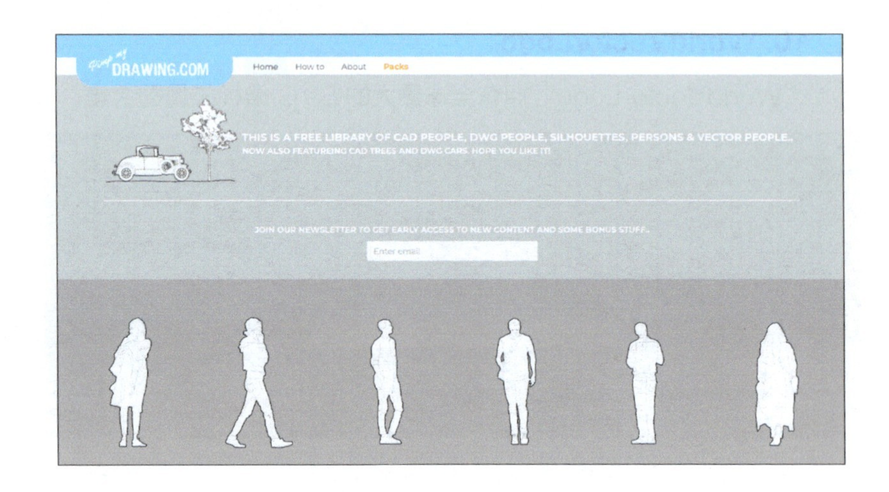

03 好看的演示模板去哪里找?

还在为不知道去哪找好看的演示模板发愁吗?可以看看下面这几个网站(在百度网中搜索网站名称即可)。

1. 稻壳儿

稻壳儿是金山办公旗下 WPS 办公资源分享平台,为 WPS 用户提供各种演示模板、文档模板、表格模板、云字体和图标图片等素材资源。

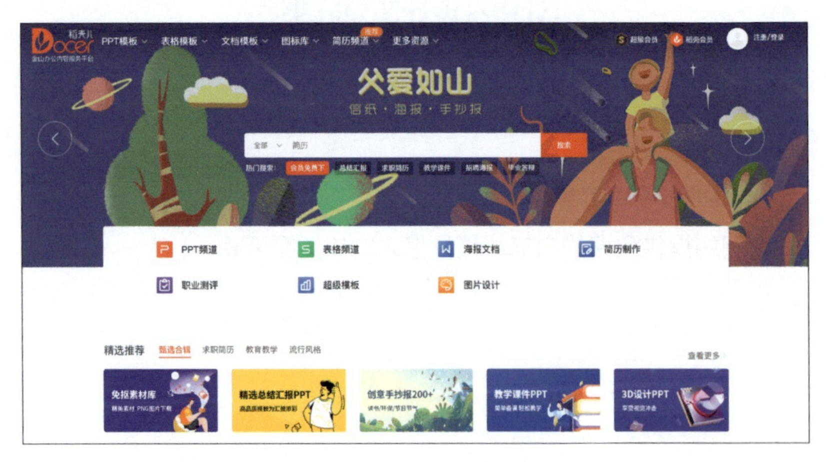

2. OfficePLUS

微软官方模板下载站点，完全免费，数量多，不仅有演示模板，还有 Word 简历、文档及各种 Excel 图表等，对学生或教育工作者特别实用。

3. PPTStore

该网站拥有国内高质量原创设计模板，国内众多演示文稿设计高手聚集在此。

4. 51PPT 模板

该网站拥有大量免费的演示模板，有很多质量很高。网站还包含很多优秀作品的源文件，以及圈内达人的部分作品与教程。

5. iSlide365

“iSlide”的演示模板商城，拥有很多高质量模板，模板更新快、数量多、质量高。

6. 叮当设计

叮当设计有许多免费演示模板供下载，还有 Photoshop 设计素材资源、矢量图、图标及演示文稿设计教程。

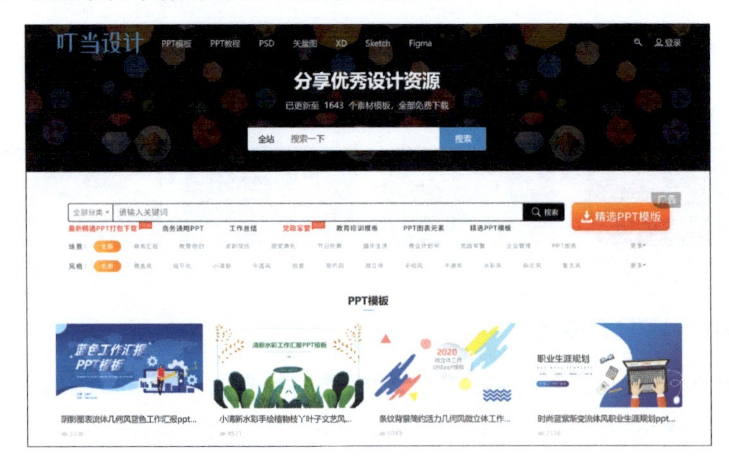

7. 演界网

国内原创演示模板网站，有大量的免费图表模板供分享。

8. pptfans

高水平的演示文稿设计教程网站，还有很多高端演示模板资源。

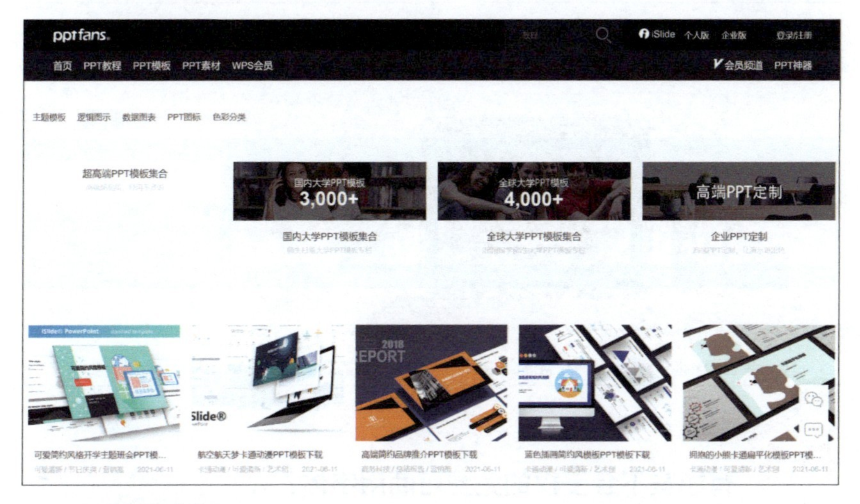

9. 稿定素材

“稿定素材”网站的演示模板种类丰富，包含商用、汇报、年会、简历等。

10. TEMPLATES WISE

一个国外免费演示模板下载网站，以逻辑图示为主，模板质量较高。有很多扁平化插图，还提供部分音效下载。

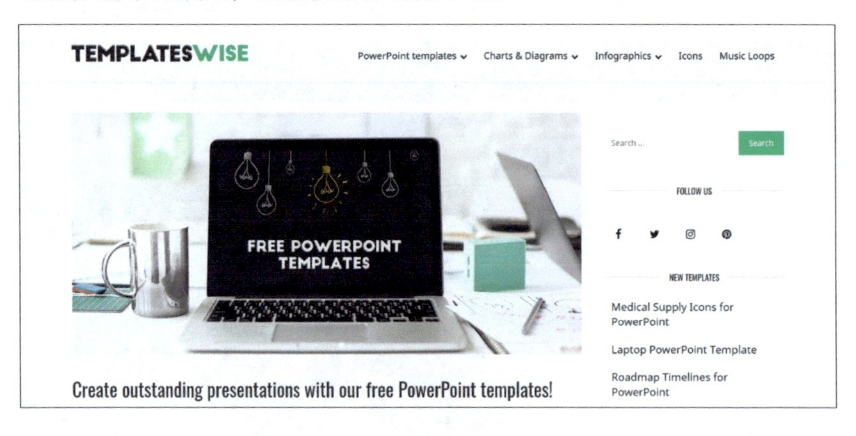

04 有哪些不会侵权的免费可商用字体?

字体是一种版权作品，我们在使用字体时，一定要注意避免字体侵权。在使用一种字体之前，必须先了解其是否为免费字体。推荐使用猫啃网搜索字体，猫啃网目前收录可商用、无版权问题的免费字体达 353 款。

1 在百度网中搜索“猫啃网”，打开网站首页后，单击网页右上角的【字体大全表】就会打开【可免费商用中文字体下载大全一览表】页面。

2 在【可免费商用中文字体下载大全一览表】页面下方单击【字体大全 353 款】按钮，就可以打包下载字体。

3 也可以在列表中选择需要下载的字体。

作者原创/增补字体　　思源系列变形字体

字体系列	字体名称	PS中名称	开发者	发布时间	最新版本	分类	字重数	简体字数	繁体字数	授权方式	下载
作者原创/增补字体											
视觉坊	龚帆免费体	龚帆免费体	龚帆	2021年06月	v1.00 (2021/06/09)	书法体	1	★★★★	★	作者声明	下载
华为	鸿蒙HarmonyOS字体	HarmonyOS Sans	汉仪字库 x 华为	2021年06月	v1.0 (2021/06/02)	黑体	6	★★★★★	★★★★★	作者声明	下载
字体传奇	字体传奇南安体	字体传奇南安体	字体传奇	2021年04月	v1.00 (2020/04/07)	创意体	1	★★★★★	★	作者声明	下载
	字体传奇特战体	字体传奇特战体	字体传奇	2020年07月	v1.00 (2020/07/27)	创意体	1	★★★★★	★	作者声明	下载
文道字库	文道潮黑体	WDCHT	文道字库	2021年03月	v1.00 (2021/03/18)	黑体	1	★★★★★	★	作者声明	下载
霞鹜系列	霞鹜尚智黑	霞鹜尚智黑	落霞孤鹜	2021年04月	v0.231 (2021/04/03)	黑体	1	★★★★★	★	IPA	下载
	霞鹜文楷	霞鹜文楷	落霞孤鹜	2021年02月	v0.333 (2021/06/01)	楷体	2	★★★★★	★★★★	OFL	下载
	霞鹜漫黑	霞鹜漫黑	落霞孤鹜	2021年01月	v0.003 (2021/05/04)	创意体	1	★★★★★	★★★★★	OFL	下载
	霞鹜新晰黑	霞鹜新晰黑	落霞孤鹜	2021年01月	v0.231 (2021/03/24)	黑体	2	★★★★★	★	OFL	下载
	霞鹜晰黑	霞鹜晰黑	落霞孤鹜	2020年12月	v0.206 (2021/01/28)	黑体	2	★★★★★	★★★★★	OFL	下载

这里推荐几款免费又好用的字体。

1. 阿里巴巴普惠体

阿里巴巴于 2019 年 4 月 27 日在 UCAN 2019 设计大会上，发布了一款字体——“阿里巴巴普惠体”，希望让整个生态的设计师、合作伙伴因为平台的赋能，真正得到实惠。

免费商用

阿里巴巴普惠体

2. 庞门正道粗书体

庞门正道粗书体发布于 2018 年 12 月 6 日，车港敏同学用自己大半年的业余时间，完成了一套字库的书写、修改调整等工作。这款字体比预想的更加受欢迎，热播剧《庆余年》的海报使用的也是庞门正道粗书体。

免费商用

庞门正道粗书体

3. 包图小白体

包图小白体是一款简单可爱的创意字体。粗短的笔画，像“柯基”的小短腿，相比细长的字体来讲能给人带来更轻松的感觉。字体形态采用了镂空的设计，增强了立体感，适用于品牌标志、海报、包装、影视综艺、游戏、漫画等场景。

免费商用

包图小白体

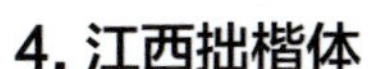

4. 江西拙楷体

这是一套手写楷体，相比计算机中标准化制作的楷体，这套字体的笔画带有一些书写的痕迹，每个字的笔画是没有统一标准的，所以看上去显得不够规范，但是会有一种自然的手写感。

免费商用

江西拙楷体

5. 优设好身体

优设好身体是一款亲和力、时尚感极强的专业美术标题字体。它以圆体字型为基础，通过瘦高的字面、偏向几何的曲线，让整款字体富有亲和力和时尚感。在同样的面积里，更窄的字面就意味着能容纳更多的信息，所以这款字体非常适合用于需要体现亲和力与时尚感的各类品牌宣传广告和产品包装设计的标题上。

免费商用

优设好身体

05 有哪些大气的毛笔字体?

毛笔字体能提高演示文稿的艺术感，多用于中国风演示文稿制作，有时也被用于科技发布会等场合。常见的毛笔字体有叶根友系列、禹卫书法行书简体、汉仪尚巍手书等。

在哪里下载这些好看的毛笔字体呢？这里推荐下面几个网站（在

百度网中搜索网站名称即可）。

1. 字体下载网

一个很棒的字体下载网站，收录了超多字体，可免费下载。

2. 字客网

字客网是知名的字体下载与分享网站，包含毛笔、钢笔、手写、书法等选项，提供找字体、字体识别、字体下载、在线字体预览等功能。

3. 求字体网

求字体网提供上传图片找字体、字体实时预览、字体下载、字体版权检测、字体补齐等服务，可识别多种语言的文字和字体。我们只需把文字截图上传到网站上进行识别匹配，就能快速找到相同及相似的字体，有些字体可以识别后直接下载。

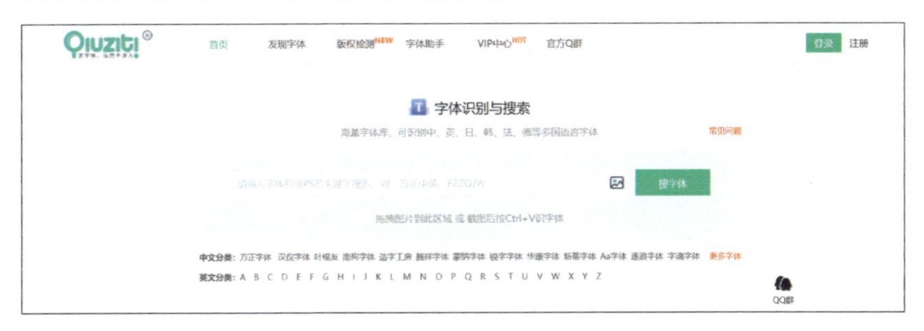

4. 大图网

大图网提供精品设计图片素材下载，内容包括高清图片素材、PSD 素材、淘宝素材、影楼模板素材、矢量素材、免抠素材和中英文字体。

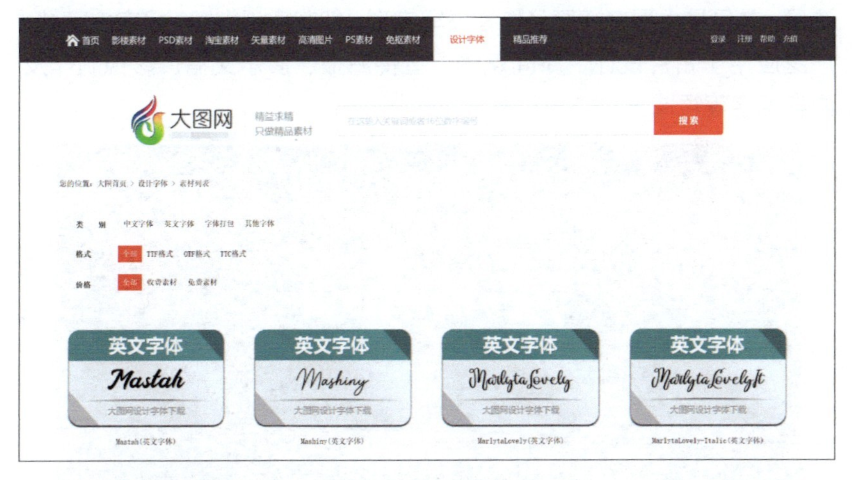

5. 模板王字库

模板王字库为设计师提供免费的字体下载，也提供各种中文字体字库的下载。

这里也推荐几款常用且好看的毛笔字体。

（1）汉仪尚巍手书字体

汉仪尚巍手书是一款应用于艺术设计的简体中文字体，该字体笔画粗壮，尾部的甩尾有力且有丰富的笔触细节，大字效果突出且引人注目，并且最大程度还原了作者书写字形，细节表现完整，且字库完整，广泛应用于名片设计、新闻媒体、宣传海报、演示文稿、影视制作及内容用字等领域。

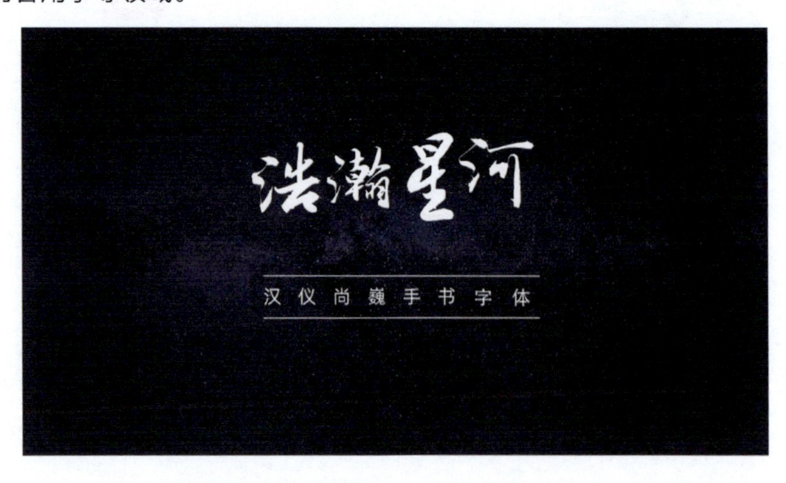

（2）迷你简雪君字体

迷你简雪君字体打印的效果十分不错，经常能在广告和海报设计中见到这款字体。迷你简雪君虽然是一款草书风格的字体，但设计上尽量保持字体原形，融简、繁写法于一体，可用于文章标题、广告制作、装饰、装帧、演示文稿等。

（3）方正吕建德字体

方正吕建德字体由书法家吕建德先生创作。这款字体在继承王羲之、王献之书法的基础上，将楷体、行书两种字体相结合，用笔秀逸流畅，单字刚健挺拔。其风格舒展洒脱，适用于文化类的宣传设计，以及商业类品牌的广告和产品包装设计。

（4）禹卫书法行书简体字体

禹卫书法行书简体是一款风格独特的毛笔行书字体，字体轮廓飘逸，隽秀美观，可用于平面设计、名片设计、广告创意等。

（5）日文毛笔字体

日文毛笔是一款应用于书法设计方面的中文简体汉字字体，该字体大小适中，结构清晰，适用于报纸周刊、平面设计、广告设计、印刷包装等领域。

（6）汉仪雪君体简体

汉仪雪君体简体是一款非常清秀的字体，字体结构端正，笔画美观，非常适合报纸杂志等印刷品使用。

06 图片太模糊，怎么下载高清大图?

有时在网页上右键单击图片却无法复制，但是截图又不够清晰，这时该怎么办呢？按【F12】键就能解决。

1 打开包含无法直接下载图片的网页，按【F12】键，就可以打开包含一些代码的开发调试工具窗格。

2 单击开发调试工具窗格左上角带斜向箭头的图标。

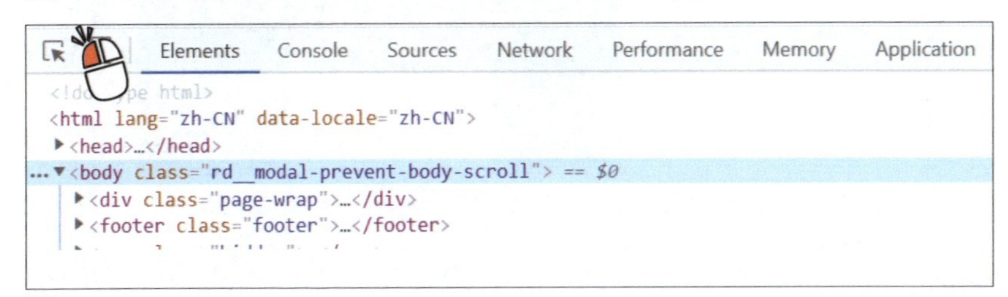

3 单击图片区域，可以在开发调试工具窗格中看到一段图片对应的突出显示的代码。

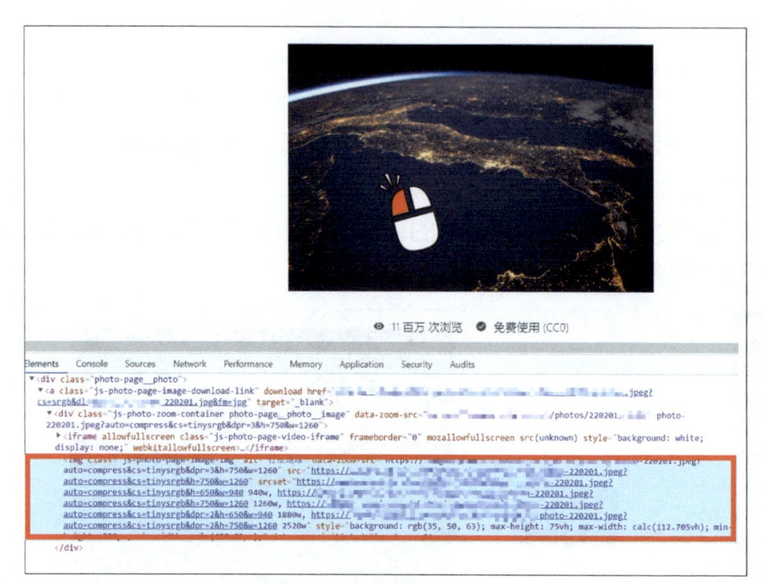

4 找到下方被定位到的代码，将鼠标指针放在有 http:// 标记的那一行并单击鼠标右键，在弹出的菜单中选择【Open in new tab】命令。

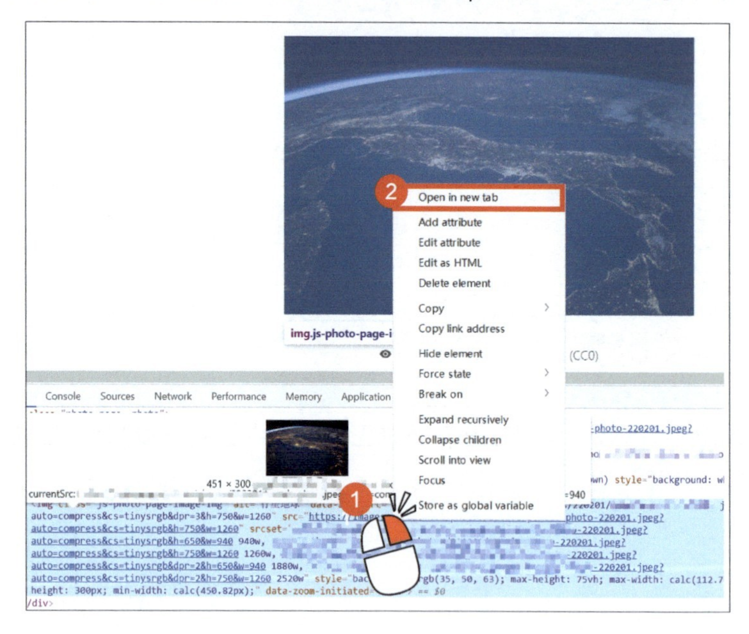

5 此时就在新的页面中打开了该图片，鼠标右键单击图片，在弹出的菜单中选择【图片另存为】命令，即可下载该图片。

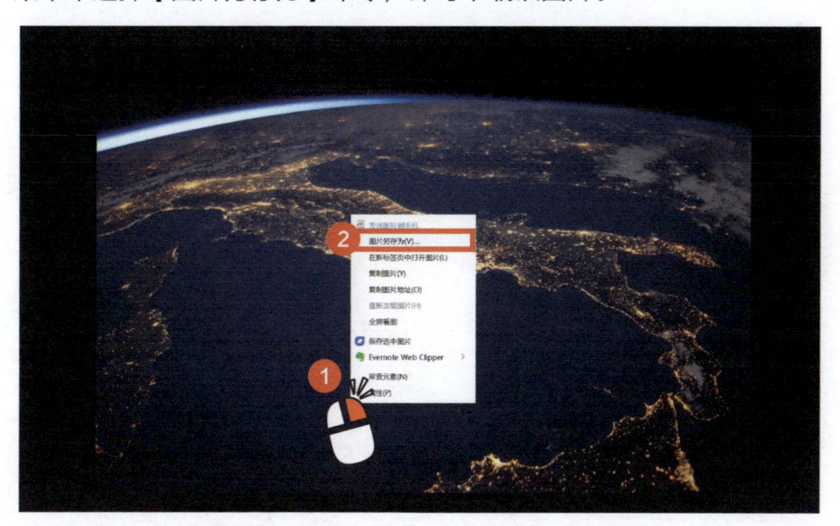

和秋叶一起学

秒懂 WPS 演示文稿

第 2 章

WPS 演示实用技巧

学习了很多 WPS 演示技巧，却不知道如何将它们应用到工作和生活中？掌握了本章介绍的实用技巧，在职场中就能灵活使用 WPS 演示应对各种小问题，甚至可以实现利用 Photoshop、Illustrator、After Effects 等专业设计软件做出的效果，成为同事眼中的 WPS 演示高手。

扫码回复关键词“WPS 演示”，下载配套操作视频

2.1 WPS 演示的必备实用操作

本节主要介绍日常工作和生活中的 WPS 演示实用技巧，掌握本节内容，即可轻松解决日常工作中遇到的 WPS 演示问题。

01 打印演示文稿时如何节约纸张？

一份 WPS 演示文稿少则十几页，多则上百页，如果直接打印很浪费纸张，不如试试缩放打印，以便节约纸张，操作步骤如下。

1 在【文件】菜单中选择【打印】命令，在右侧选择【高级打印】命令。

2 保持联网状态，自动安装 WPS 高级打印功能，稍等片刻，即可完成安装。

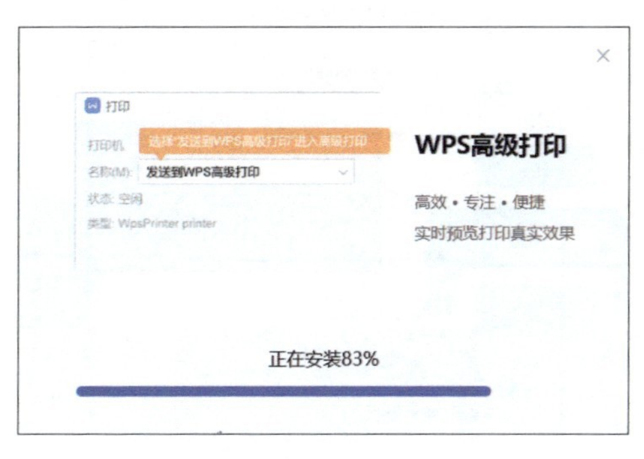

3 在弹出窗口的【页面布局】选项卡中单击【自定义布局】图标的下拉按钮，在弹出的菜单中选择“3*3”的布局，这样每一页就能打印 9 张幻灯片了。

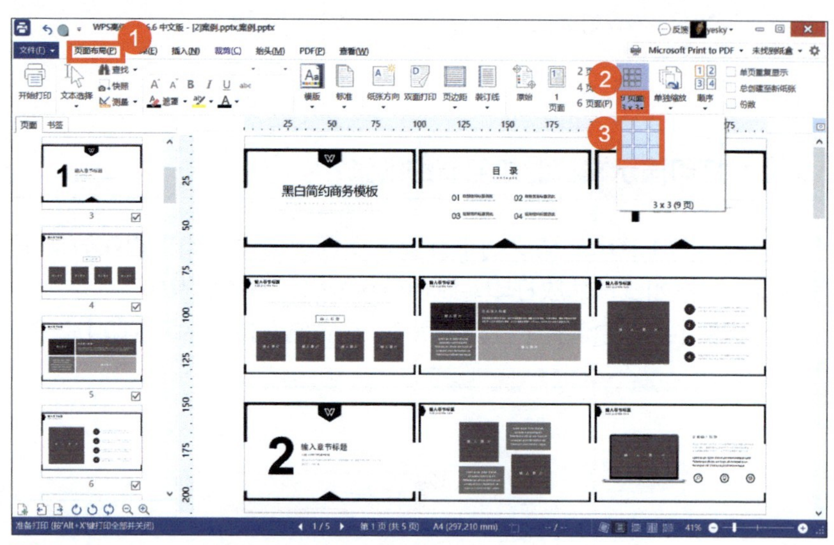

4 在窗口右上方选择已安装的打印机。

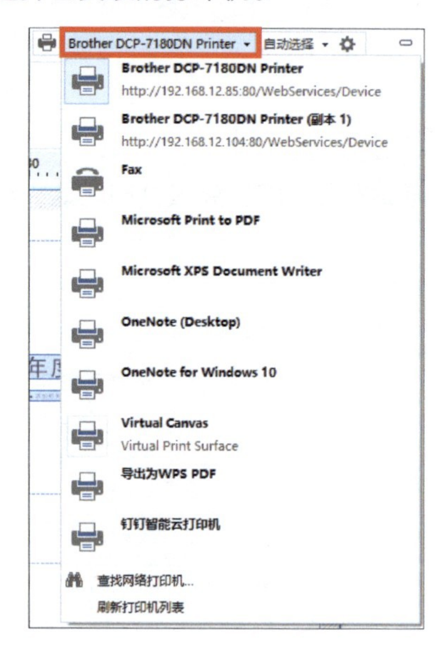

5 单击【开始打印】图标，即可进行打印。

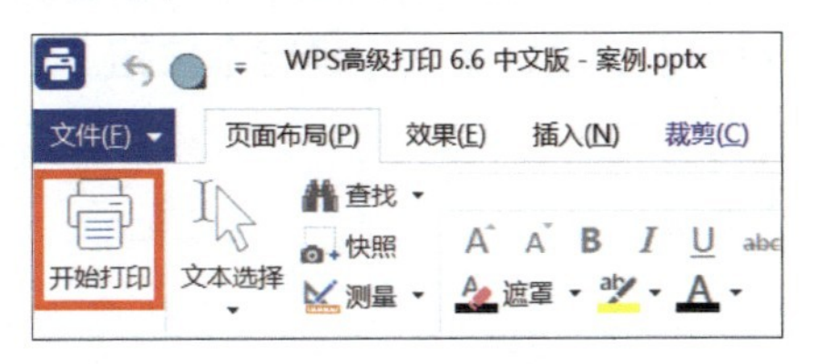

02 如何让 WPS 演示文稿中的图表随 WPS 表格文档中的数据同步更新?

在工作中，经常需要展示各种各样的数据图表，如果 WPS 表格文档中的数据发生变化，再手动更新 WPS 演示文档中的对应数据会非常耗时间。有没有一种方法可以实现 WPS 演示文档中的图表随 WPS 表格文档中的数据同步更新呢?

1 打开 WPS 表格文档，选中表格中的相应数据，按快捷组合键【Ctrl+C】复制表格。

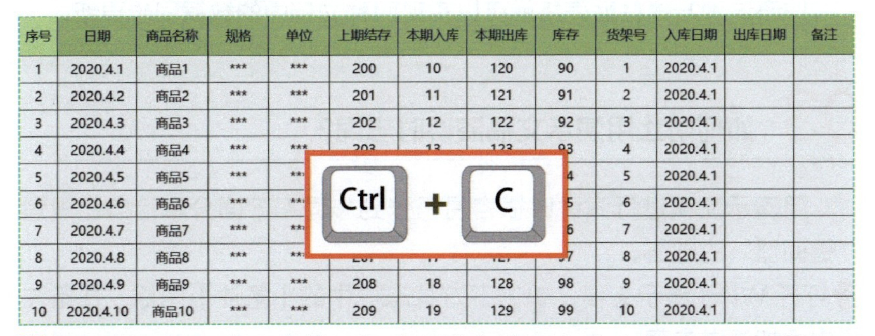

序号	日期	商品名称	规格	单位	上期结存	本期入库	本期出库	库存	货架号	入库日期	出库日期	备注
1	2020.4.1	商品1	***	***	200	10	120	90	1	2020.4.1		
2	2020.4.2	商品2	***	***	201	11	121	91	2	2020.4.1		
3	2020.4.3	商品3	***	***	202	12	122	92	3	2020.4.1		
4	2020.4.4	商品4	***	***	203	13	123	93	4	2020.4.1		
5	2020.4.5	商品5	***	[illegible]	[illegible]	[illegible]	[illegible]	[illegible]	5	2020.4.1		
6	2020.4.6	商品6	***	[illegible]	[illegible]	[illegible]	[illegible]	[illegible]	6	2020.4.1		
7	2020.4.7	商品7	***	[illegible]	[illegible]	[illegible]	[illegible]	[illegible]	7	2020.4.1		
8	2020.4.8	商品8	***	[illegible]	[illegible]	[illegible]	[illegible]	[illegible]	8	2020.4.1		
9	2020.4.9	商品9	***	***	208	18	128	98	9	2020.4.1		
10	2020.4.10	商品10	***	***	209	19	129	99	10	2020.4.1		

2 切换到 WPS 演示文档，在【开始】选项卡的功能区中单击带向下箭头的【粘贴】图标，在弹出的菜单中选择【选择性粘贴】命令。

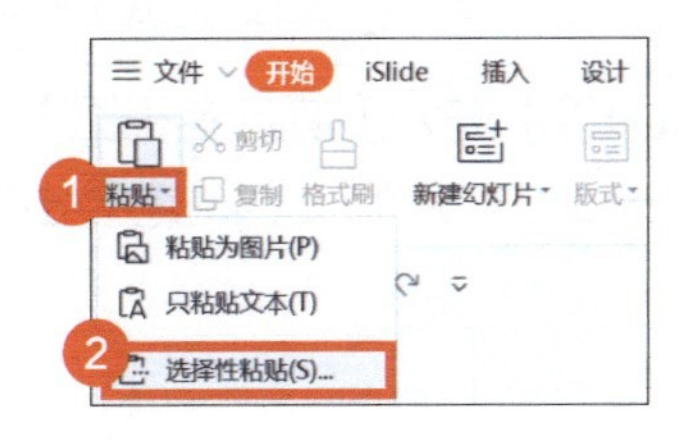

3 在弹出的【选择性粘贴】对话框中选择【粘贴链接】选项，在右侧选择【WPS 表格对象】选项，单击【确定】按钮。

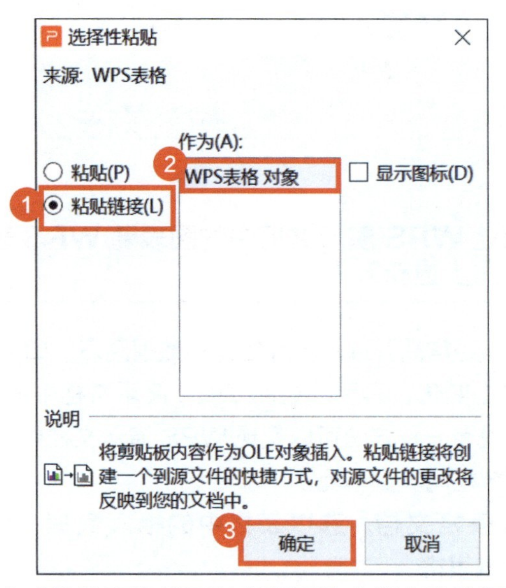

按照这种方式粘贴表格就可以实现两种文档中的数据同步更新。

03 如何防止用演示文稿演讲时忘词?

用演示文稿进行演讲时很容易紧张到忘词？下面分享给自己设置“提词器”的方法。

1 打开 WPS 演示文稿，单击下方状态栏中的【备注】图标，在备注栏中添加演讲内容。

2 按快捷组合键【Alt+F5】进入【演示者视图】，这时显示器上除了显示当前幻灯片和下一张幻灯片的预览，还会出现演讲者备注内容和计时器。

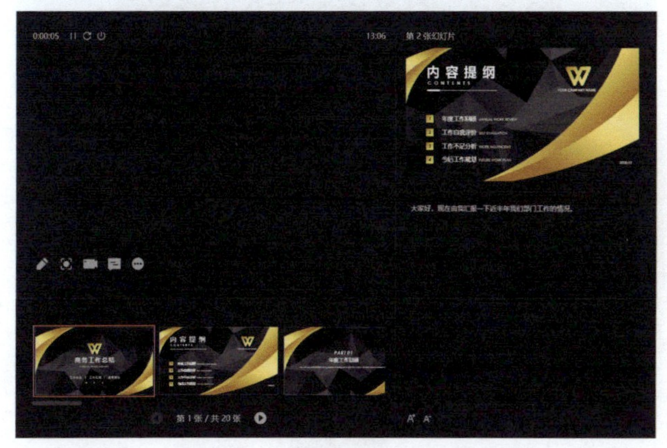

有了“提词器”，就再也不用担心演讲忘词了！

04 演讲时忘带翻页笔，如何控制 WPS 演示文稿翻页？

1 打开 WPS 演示文稿，在【放映】选项卡中单击【手机遥控】图标。

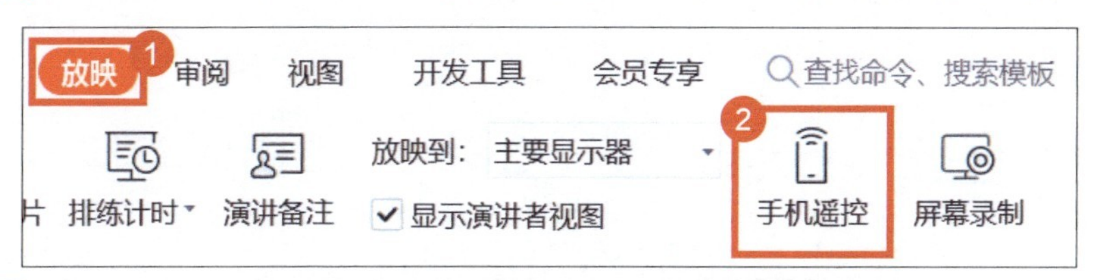

2 在弹出的【手机遥控】对话框中出现遥控使用的二维码。

3 打开手机端WPS Office，单击搜索栏右侧的【扫一扫】图标，扫描【手机遥控】对话框中的二维码。

4 单击【播放】按钮，就可以利用手机实现翻页功能。

05 如何压缩演示文稿的大小？

当 WPS 演示文档中的图片数量多，每张图片文件又大时，演示文档就会很大，导致文档的保存或传输都不方便，这时可以对图片进行压缩处理以缩小文档大小。

1 选中演示文稿中的图片，在【图片工具】选项卡中单击【压缩图片】图标。

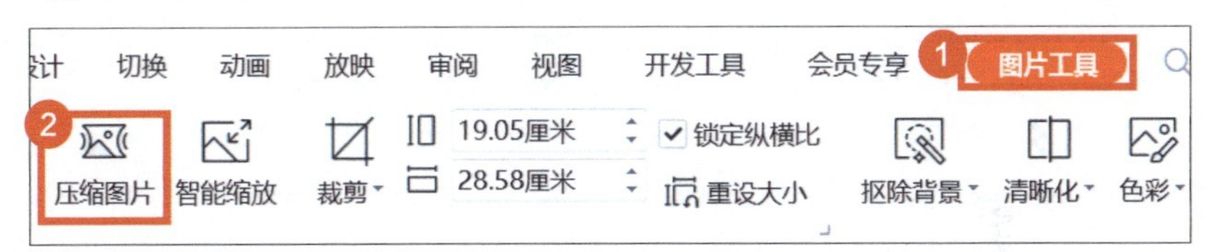

2 在弹出的【压缩图片】对话框中，选择【应用于】栏中的【文档中的所有图片】选项，选择【更改分辨率】栏中的【网页 / 屏幕】选项，选择【选项】栏中的【压缩图片】和【删除图片的剪裁区域】选项，最后单击【确定】按钮。

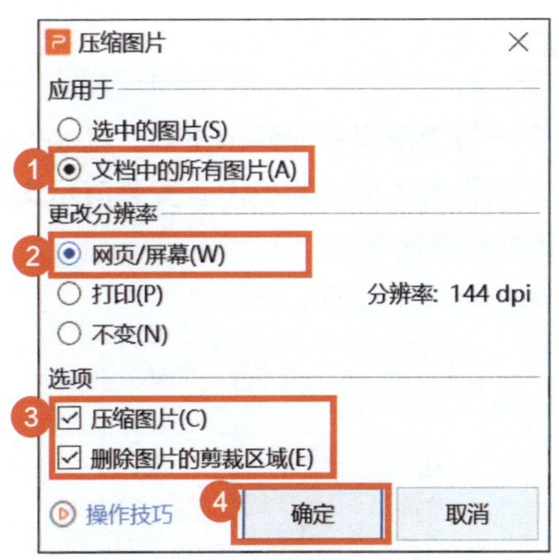

3 经过处理之后的 WPS 演示文档就变小了！

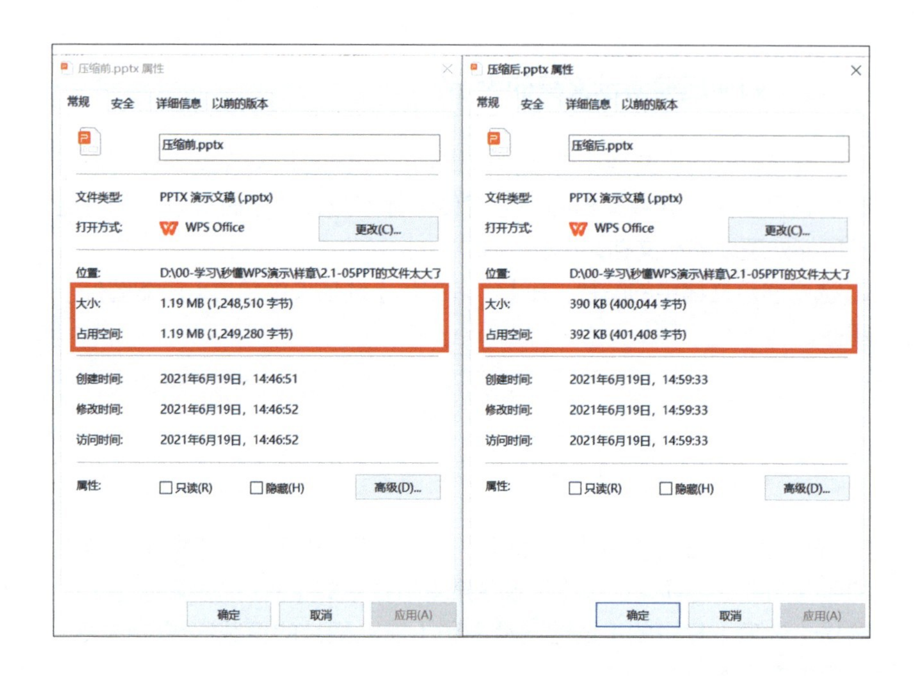

06 如何将字体嵌入演示文稿中?

辛辛苦苦做了一份漂漂亮亮的演示文稿，其他人收到打开后却说字体是乱的，这是因为他人的计算机没有安装演示文稿中使用的特殊字体，这个问题该如何解决呢?

1 在【文件】菜单中选择【选项】命令。

2 在弹出的【选项】对话框中选择【常规与保存】选项，在右侧选择【将字体嵌入文件】选项，单击【确定】按钮。

这样设置后，其他人接收到演示文稿文档，也可以看到漂亮的字体了。

07 如何利用 WPS 演示实现图片的拆分效果?

有时在演示文稿里面直接插入图片进行排版会显得过于单调，那如何能快速提升演示文稿图片排版的设计感呢?

1 在【插入】选项卡中单击【形状】图标，在弹出的菜单中单击【圆角矩形】图标，在空白幻灯片中绘制一个圆角矩形。

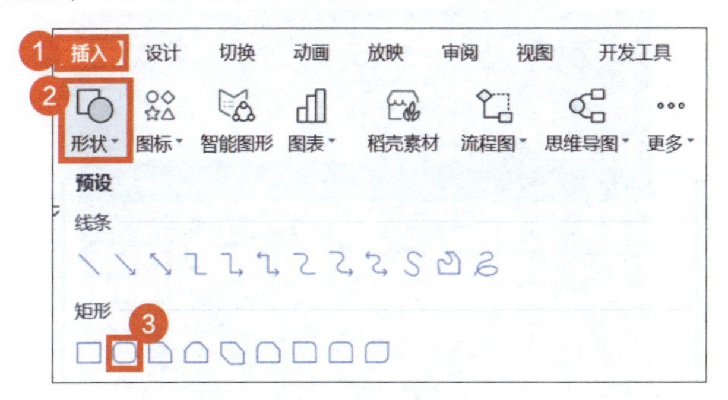

2 选中圆角矩形，按快捷组合键【Ctrl+D】，快速复制出另外 8 个矩形，将其按照 3*3 的方式对齐排列好后置于图片上。

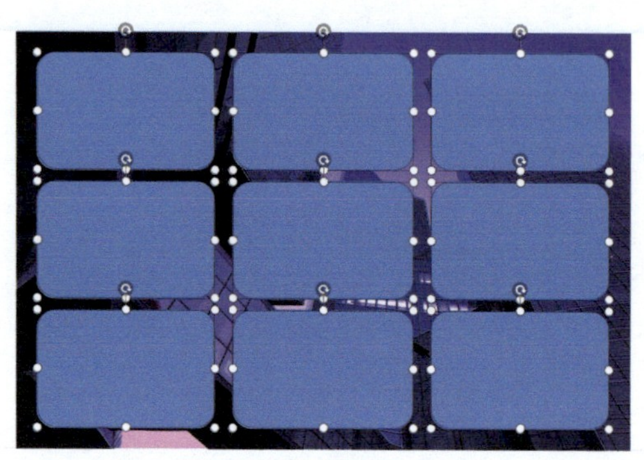

3 按住【Ctrl】键，先选中底部的图片，再选中所有圆角矩形，在【绘图工具】选项卡中单击【合并形状】图标，在弹出的菜单中选择【拆分】命令。

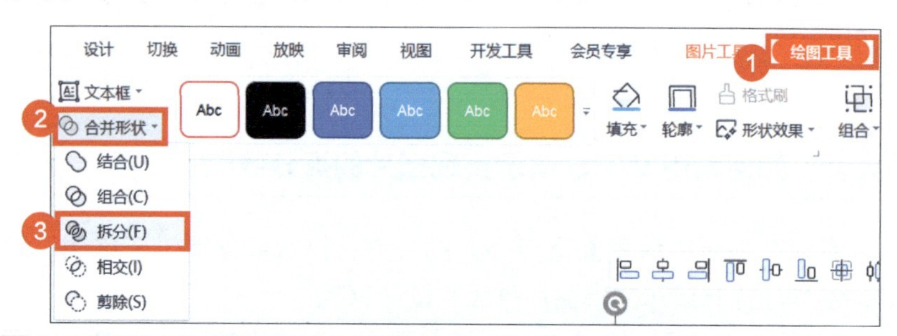

4 这时图片已按照矩形排列的位置完成拆分，最后删除多余部分。

除了矩形，还可以插入三角形、四边形、圆形等，再搭配上文字就可以做出很有设计感的 WPS 演示文稿。

08 怎样在演示文稿中使用超链接?

在演示文稿播放过程中，如果想要实现同一份文档不同幻灯片之间的快速跳转，可以通过添加超链接来实现。

1 选中需要添加超链接的素材对象，在【插入】选项卡中单击【超链接】图标。

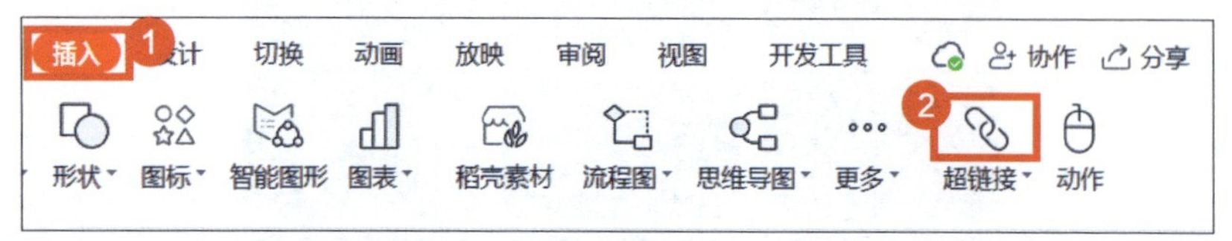

2 在弹出的【插入超链接】对话框中单击【本文档中的位置】，在【请选择文档中的位置】栏选中跳转的目标幻灯片，可在【幻灯片预览】区查看选择是否正确，最后单击【确定】按钮，这样就成功插入了超链接。

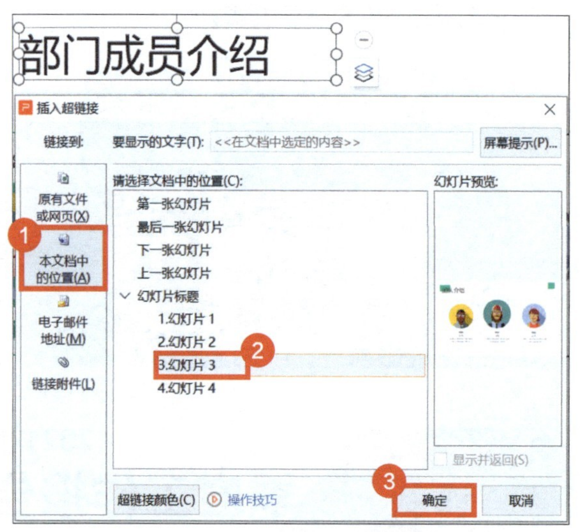

设置完超链接后，只要单击素材对象就可以快速跳转至指定页面了。

09 如何给演示文稿加密？

如果不想别人编辑修改重要的演示文稿，可以加密保存该文件。

1 打开 WPS 演示文稿，在【文件】菜单中选择【文档加密】命令，

在右侧选择【密码加密】命令。

2 在弹出的【密码加密】对话框中可以设置【打开权限】和【编辑权限】的密码，单击【应用】按钮，保存演示文稿，就完成了文件的加密。

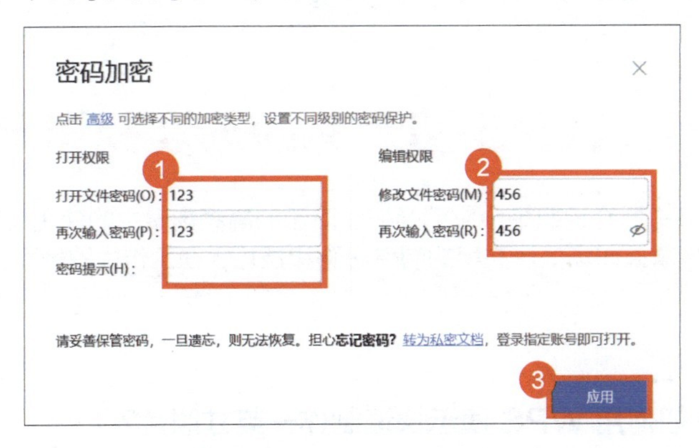

10 在演示文稿中如何输入数学公式?

WPS 演示文稿是一种常见的教学工具，有时候在做 WPS 演示文稿时会发现有些特殊的公式非常难输入，如何在 WPS 演示文稿中输入复杂的数学公式呢?

1 在【插入】选项卡中单击【公式】图标。

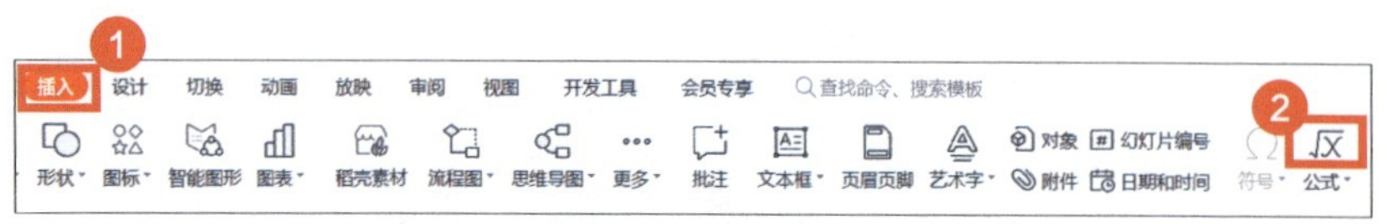

2 在【公式工具】选项卡中单击所需要的公式图标，就可以在公式文本框中输入所需的公式符号。

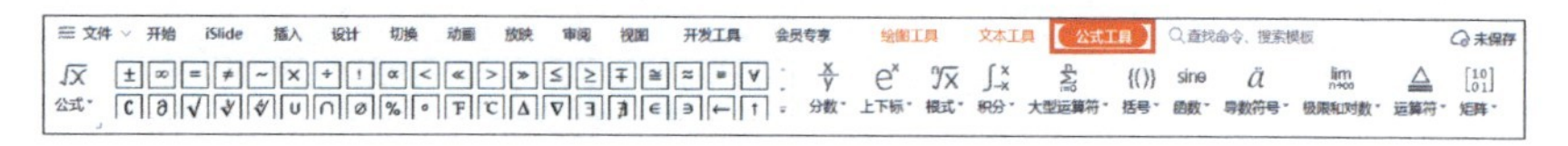

心形线数学公式

$$(x^2+y^2-1)^3=x^2y^3$$

2.2 WPS 演示的职场实战运用

本节主要介绍职场中应用 WPS 演示的高频场景中的使用技巧，让你更好地掌握职场演示文稿的制作思路和技巧，在工作中脱颖而出。

01 如何用 WPS 演示快速制作一英寸照片？

个人证件照要换底色，不会用 Photoshop 更换颜色怎么办？使用 WPS 演示也可以快速制作出个人证件照。

1 在【插入】选项卡中单击【形状】图标，在弹出的菜单中单击【矩形】图标，拖曳鼠标指针在幻灯片中插入一个矩形。

2 制作一英寸证件照，需要在【绘图工具】选项卡中将矩形的【高度】设置为“3.50 厘米”，将【宽度】设置为“2.50 厘米”，如果制作 2 英寸证件照，则需要将【高度】设置为“5.30 厘米”，【宽度】设置为“3.50 厘米”。

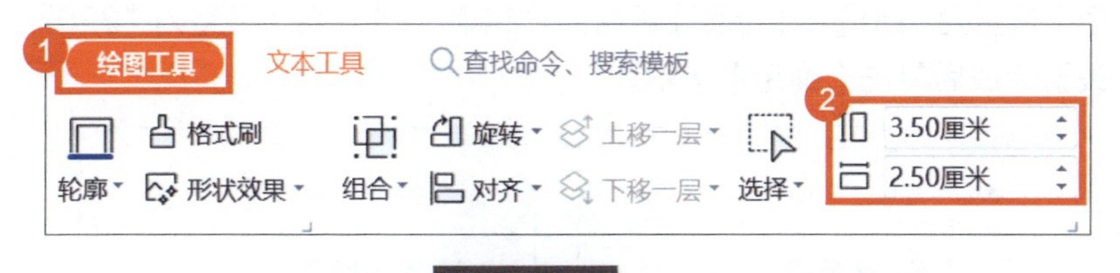

证件照尺寸

1英寸 2.50cm×3.50cm

2英寸 3.50cm×5.30cm

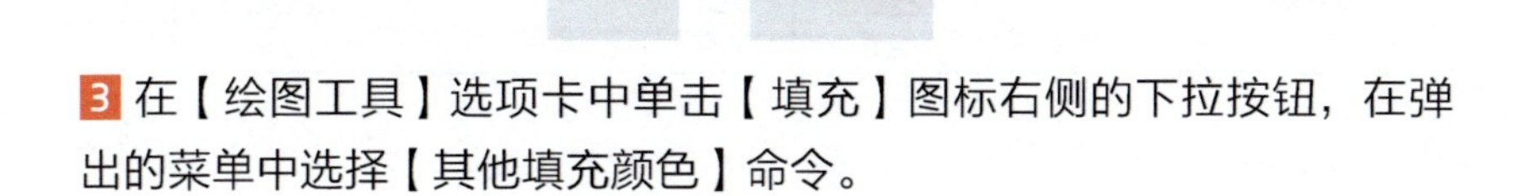

3 在【绘图工具】选项卡中单击【填充】图标右侧的下拉按钮，在弹出的菜单中选择【其他填充颜色】命令。

4 如果希望照片为红底，在【颜色】对话框中单击【自定义】选项卡，将【颜色模式】设置为【RGB】，将矩形的【红色】设置为“220”，【绿色】和【蓝色】均设置为“0”；如果希望照片为蓝底，则将矩形的【红色】设置为“60”，【绿色】设置为“140”，【蓝色】设置为“220”，设置完成后单击【确定】按钮。

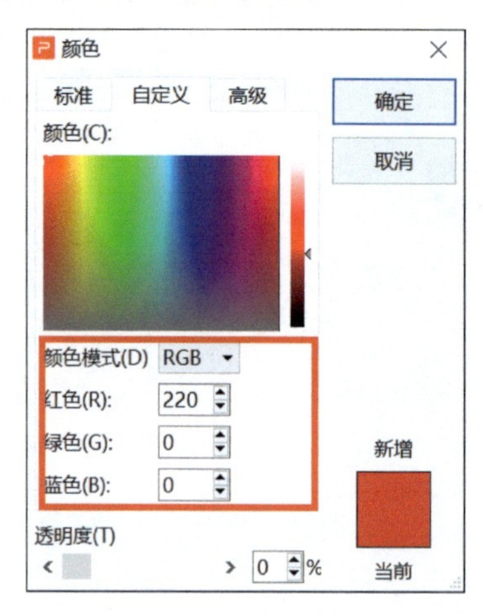

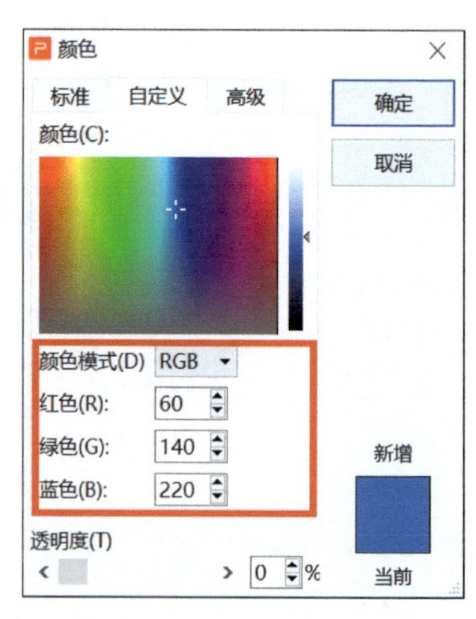

5 在【插入】选项卡中单击【图片】图标，在弹出的【插入图片】对话框中选中要添加的个人证件照，单击【打开】按钮，插入图片。

6 将人物图片放置在矩形上，按住【Shift】键，按住鼠标左键拖曳人物图片四周的控点，将图片缩放至合适大小。在【图片工具】选项卡中单击【裁剪】图标。

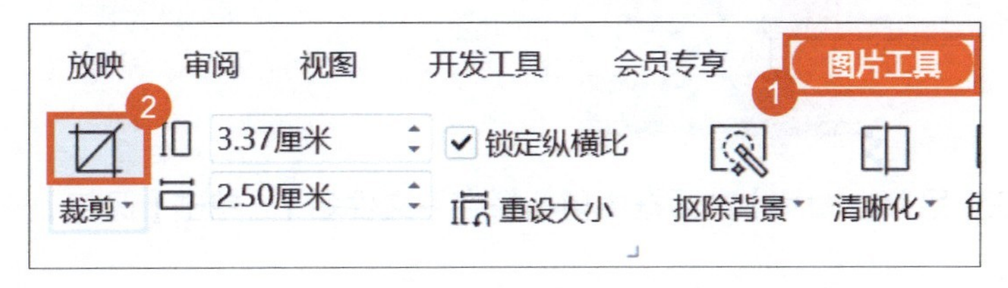

7 按住鼠标左键拖曳出现的黑色裁剪框，将人物图片裁剪至矩形大小。

8 单击幻灯片空白处，退出图片裁剪模式。按住【Ctrl】键依次选择人物图片和矩形，按快捷组合键【Ctrl+G】，将图片和矩形进行组合，右键单击组合后的图片，在弹出的菜单中选择【另存为图片】命令。

9 在【另存为图片】对话框中重新命名【文件名】，单击【保存】按钮。

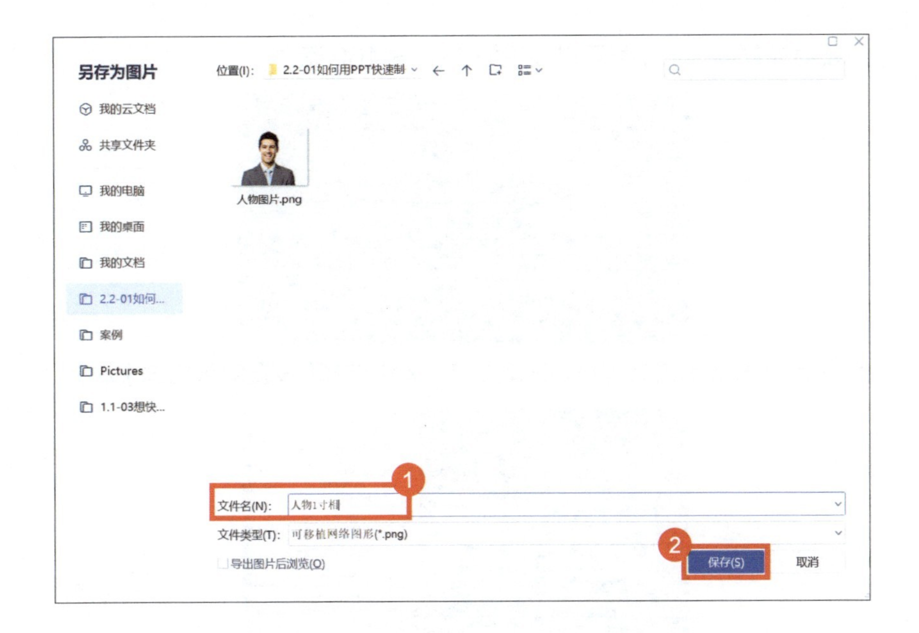

02 纯文字型演示文稿如何做到简约大方？

年终总结等汇报场合经常需要使用纯文字型的演示文稿，如何把纯文字的演示文稿做到简约大方，而不是简单罗列文字呢?

1 先梳理结构，在演示文稿中提炼出每页的关键词。

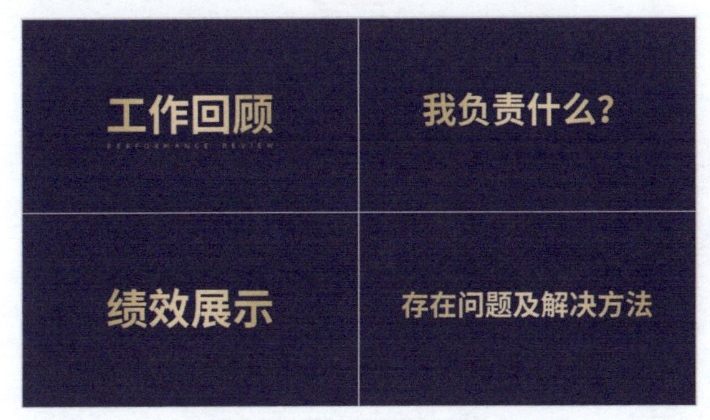

2 选择粗大的字体，这里推荐用 3 款字体：“思源黑体”“思源宋体”“庞

门正道标题体”，字号可以设置为 120 ~ 160 磅。

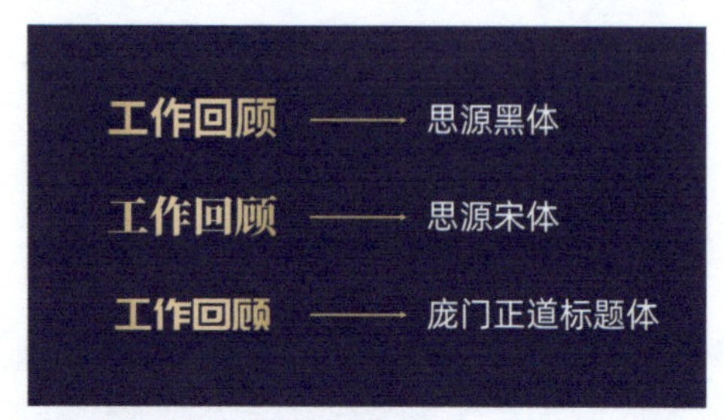

3 用鼠标右键单击文本框，在弹出的菜单中选择【设置对象格式】命令。

4 在右侧的【对象属性】面板中单击【文本选项】，将【文本填充】设置为【渐变填充】，将【渐变样式】设置为【射线渐变】，分别设置渐变光圈为白色到金色，为文字做出金色渐变的质感，并添加上英文，这样文字就不再单调了。

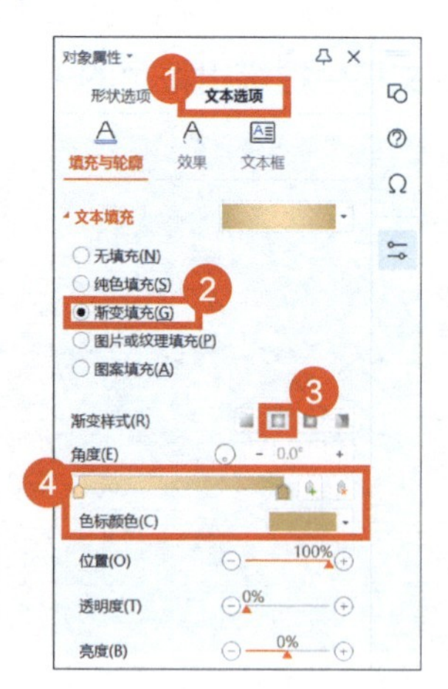

5 用鼠标右键单击幻灯片页面，在弹出的菜单中选择【背景图片】命令。

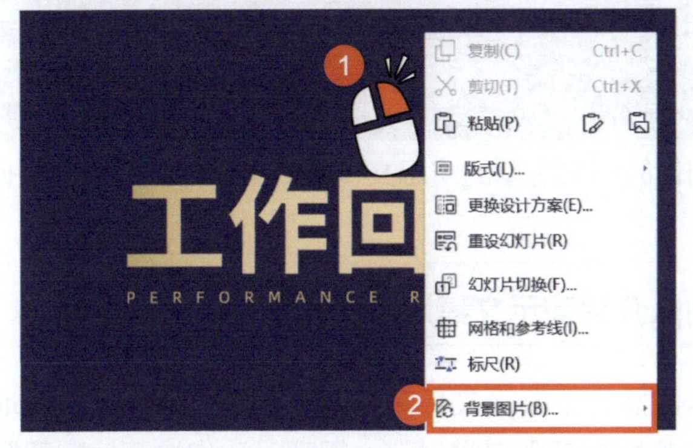

6 在【选择纹理】对话框中选中要插入的背景图片，单击【打开】按钮，就可以更换背景。

这样制作的纯文字型的演示文稿既简洁大方，又节约时间。

03 团队介绍演示文稿如何设计？

在制作团队介绍演示文稿时，你是不是还在一张一张地调整图片的大小和位置呢？赶紧来学学这一招吧，让你快速搞定团队介绍演示文稿排版。

方法1：智能图形法

1 在【插入】选项卡中单击【智能图形】图标。

2 在【智能图形】对话框中单击【图片】图标，在弹出的菜单中选择合适的图片型智能图形，这里以选择【蛇形图片半透明文本】为例。

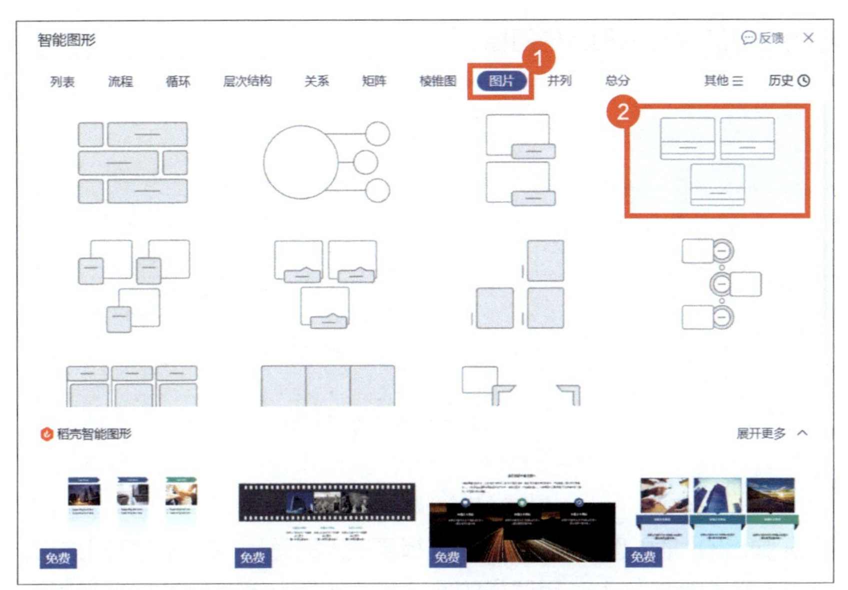

3 单击插入的智能图形，在【设计】选项卡中单击【添加项目】图标，选择【在后面添加项目】命令，就可以根据团队成员的人数来增加图形。

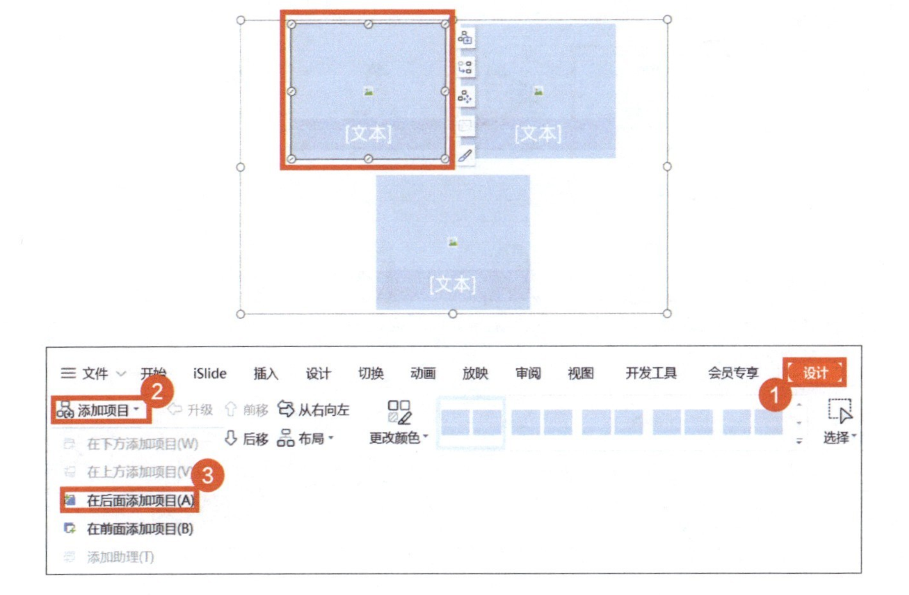

4 单击图形中插入图片的图标。

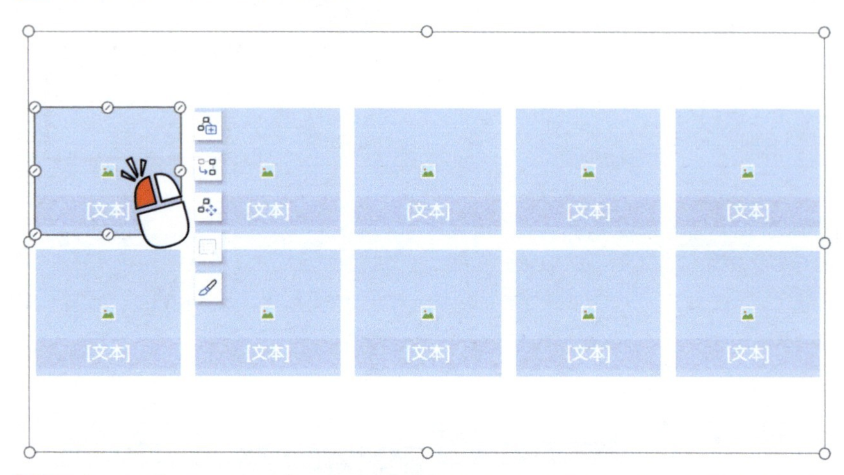

5 在弹出的【插入图片】对话框中选择要插入的图片，单击【打开】按钮，完成人员图片的插入，用同样的方法将每个团队成员照片插入智能图形中。

6 最后为幻灯片加上团队介绍和名称。

方法 2：套用模板法

1 在【插入】选项卡中单击带向下箭头的【新建幻灯片】图标，选择【案例】-【用途】命令，在右侧出现的用途栏单击【人物介绍】，就可以在右侧看到很多优秀的案例模板，单击【立即下载】按钮，就可以直接下载使用（部分模板需要注册会员才可以使用）。

2 插入需要的模板后，还可以在【智能特性】面板中选择需要的项目个数。

3 选择模板中的人物图片，在【图片工具】选项卡中单击【替换图片】图标。

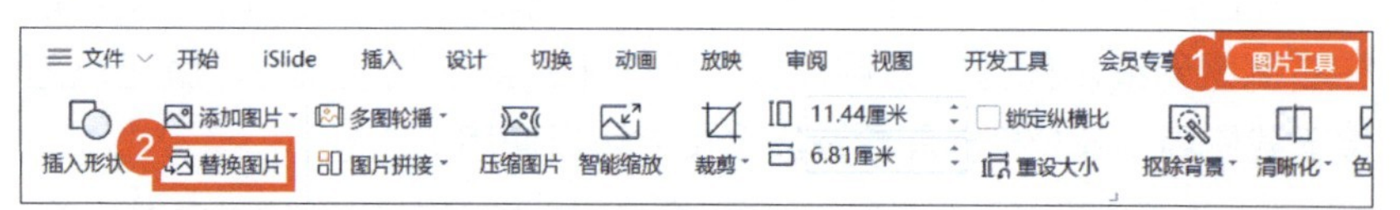

4 在弹出的【更改图片】对话框中选择需要添加的人员图片，单击【打开】按钮，就完成了图片的替换。

04 如何制作公司的组织架构图?

要制作公司的组织架构图，你是不是还在用一个个文本框和直线来组合制作？下面介绍的方法能让你快速搞定公司组织架构图。

1 先将公司架构名称复制到 WPS 演示文稿的文本框里。

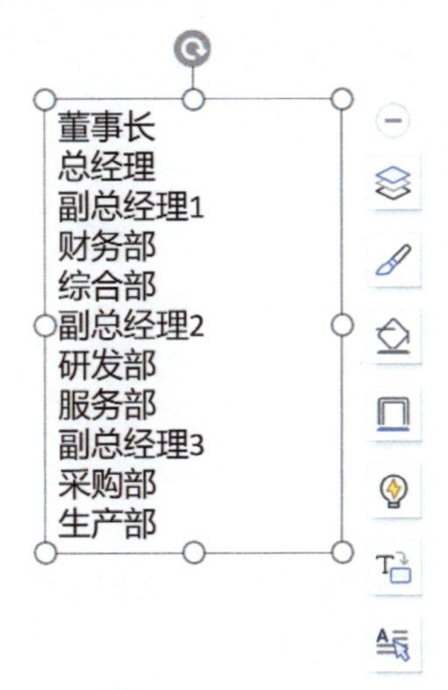

2 按【Tab】键给架构名称分级，按一下是一级，按两下是两级，以此类推，完成组织架构的分级。

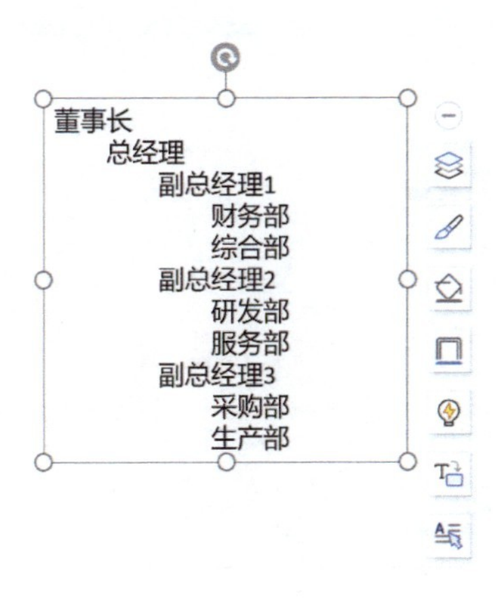

3 选中文本框，在【文本工具】选项卡中单击【转智能图形】图标，在弹出的菜单中选择【组织结构图】命令，就可以快速将文本转为组织架构图。

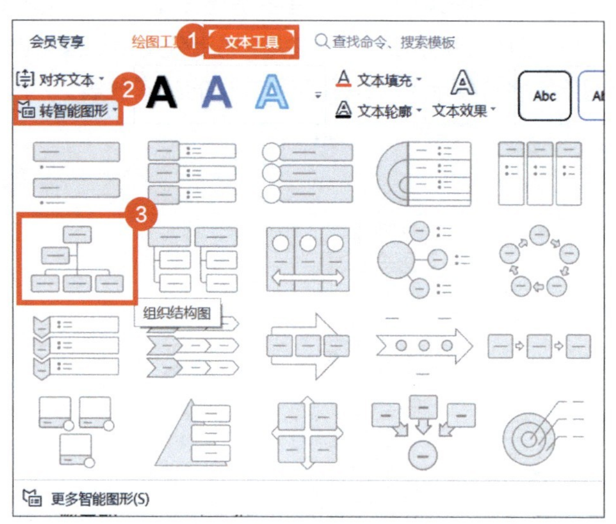

4 如果需要更改颜色，可以在【设计】选项卡中单击【更改颜色】按钮，在弹出的菜单中选择合适的颜色。

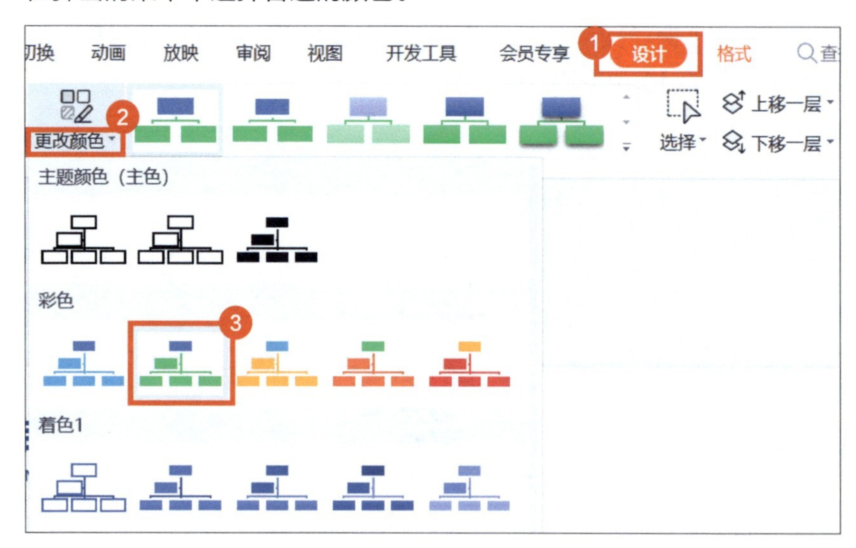

5 如果需要更改布局，可以单击选中要更改布局的节点。

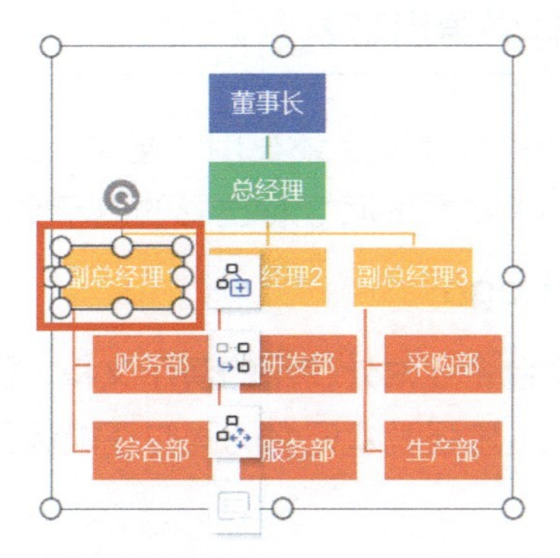

6 在【设计】选项卡中单击【布局】按钮，在弹出的菜单中选择【标准】命令，就能调整组织架构图的布局。

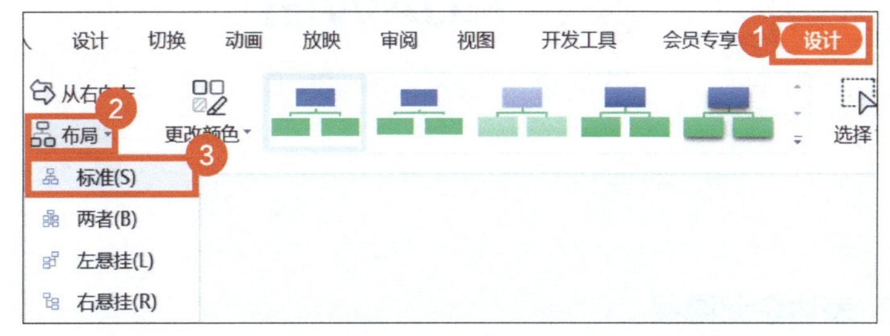

通过以上操作，我们想要的公司组织架构图就做好了。

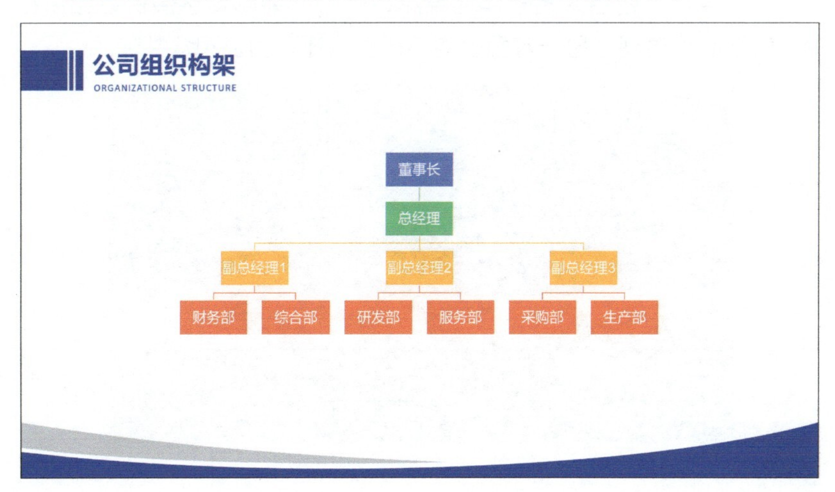

05 结束页怎样做更出彩?

你的演示文稿结束页是不是还在用“谢谢”或“感谢聆听”这样的文字呢?我们一起来看看下面3种出彩的演示文稿结束页。

1. 直接放企业Logo

这种方式特别适合企业对外使用的演示文稿，显得非常正式、专业，可以展示企业的形象，增强观众记忆的同时还能起到画龙点睛的作用。

2. 表达企业愿景

用“金句”或名人名言作为结尾，一方面能够传达演讲者和所在企业的核心价值观，另一方面也能够抒发情怀，引发观众共鸣。

3. 留下联系方式

想吸引人才或产生合作，可以直接展示你的联系方式，以便和现场观众进一步交流。

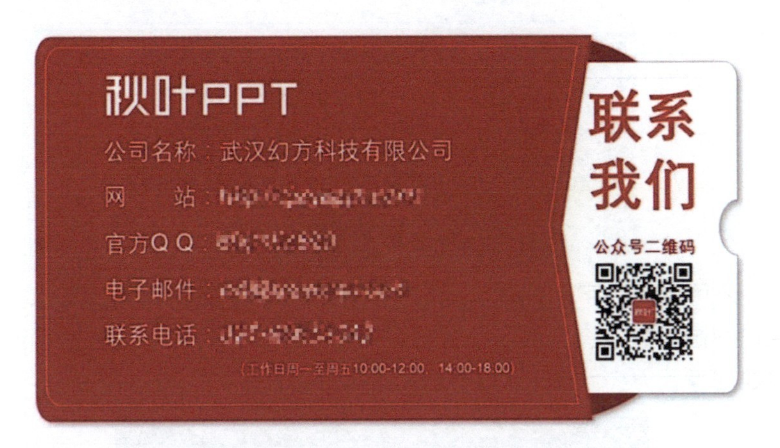

06 年终总结演示文稿要避开哪些“坑”？

你的年终总结演示文稿踩“坑”了吗？下面介绍如何避免年终总结演示文稿出现 4 个大“坑”。

1. 封面页别用干巴巴的标题

可以用口号型标题来鼓舞士气，给人一种开门见山的感觉。在年终总结演示文稿中比较常见。

还可以用数字型标题。用数据说话，以一个数字作为支撑点，主要内容围绕数字突出展示。数据可以是方法，也可以是销售金额或其他数据等。

2. 内容页不要全是文字、杂乱无章

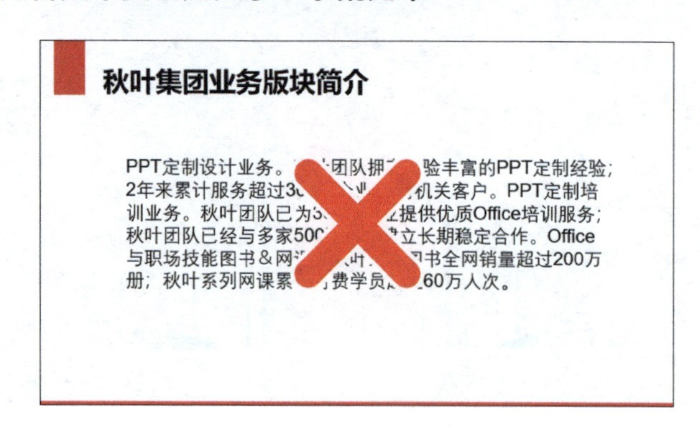

可以通过分段突出标题，让内容层次更加清晰、重点更加突出。

秋叶集团业务版块简介

1. PPT定制设计业务
秋叶团队拥有经验丰富的PPT定制经验；
2年来累计服务超过300个企业/政府机关客户。

2. PPT定制培训业务
秋叶团队已为300家企业提供优质Office培训服务；
秋叶团队已经与多家500强企业建立长期稳定合作。

3. Office与职场技能图书&网课
秋叶系列图书全网销量超过200万册；
秋叶系列网课累计付费学员超过60万人次。

3. 数据展示要清晰

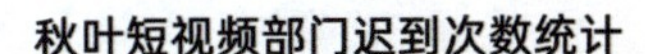

秋叶短视频部门迟到次数统计

我们部门的迟到次数位列 组员们竞争激烈，最终的
尾声是，Word姐英文洗头 次，表哥在路上帮警察叔
叔填表迟到425次，主管 上的小动物迟到90次，小
美因为闹钟没有响迟到 ，辛 因为总是找借口被保安
拦住迟到345次。

可以用图表的方式来展示数据，让数据更加直观。

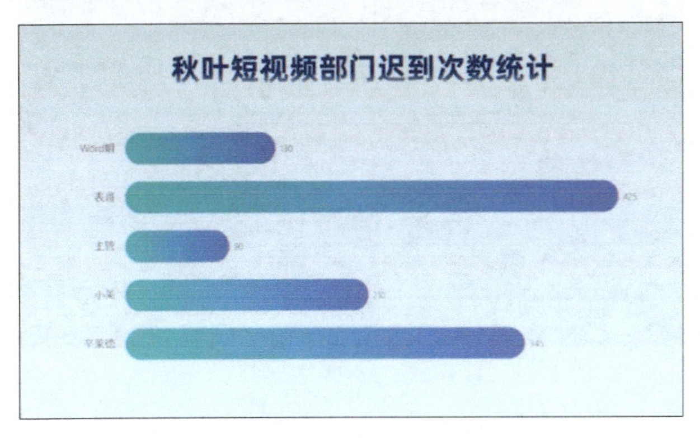

4. 结尾页不要只使用“谢谢聆听”

可以使用感谢型、展望型等结束语。

避开上面 4 个“坑”，可大大改善年终总结演示文稿。

07 如何梳理年终总结的框架？

还在为年终总结不知道从哪里入手而烦恼吗？快来看看年终总结的通用模板吧。年终总结通常包含 4 个方面。

1. 工作业绩

包括今年业绩是否达标，完成了哪些项目及工作进展程度。

2. 亮点经验

包括今年优化了哪些工作流程，有没有拓宽工作渠道，节省了哪些成本等。

亮点经验
Experience
优化哪些流程
拓宽哪些渠道
节省哪些成本

3. 问题分析

可以讲讲工作目前面临的挑战，是什么原因导致的，准备怎样处理。

问题分析
Analysis
面临哪些挑战
什么原因导致
准备怎么处理

4. 未来计划

可以写下自己对于明年的规划，需要什么支持，设定好初步目标。

按照上面 4 个方面梳理年终总结，总结会变得更加清晰，易于解释。

08 不套模板怎样做演示文稿？

接到要做演示文稿的任务，你是不是马上就想找模板呢？在工作场合中使用的演示文稿，简洁大方更好，不需要做得过于复杂，只要做到以下 5 点就可以让你的演示文稿充满设计感。

1. 只用纯白底色

因为白色跟任何颜色都是百搭的，在颜色的还原度上，白色背景的表现更加优秀，而且白色和其他颜色相比，更能给人一种纯净的感觉。

2. 挑选 8 种颜色，用且只用这 8 种

这 8 种颜色分别为黑色、白色、深灰、浅灰、深主色、浅主色、深亮色、浅亮色。

这 8 种颜色可分为 3 类。

（1）黑白灰色：黑白的作用是可以突出重点，灰色可以当底色或衬托，如下图右侧所示。

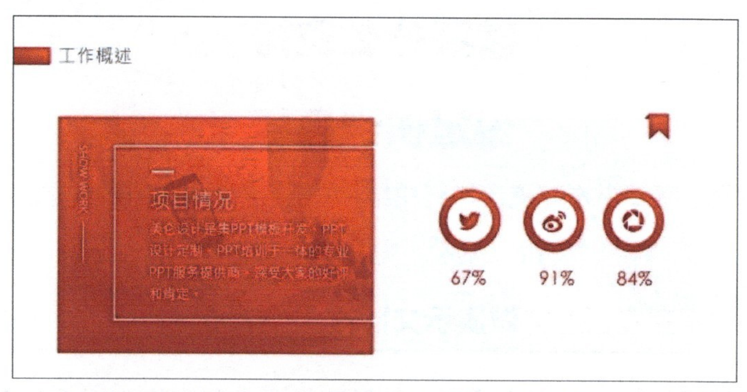

（2）深浅主色：主色是用得最多的颜色会奠定基调，如热烈的红、明亮的橙、沉静的蓝、清新的绿，一般可选择公司 Logo 的色调。

（3）深浅亮色：如果主色偏安静，可能需要一点明亮色系突出重点、提亮画面。

这 8 种颜色的使用并没有定式。有时用 3 种颜色也可以做出很好的效果。如蚂蚁金服只有黑白蓝 3 色的演示文稿。

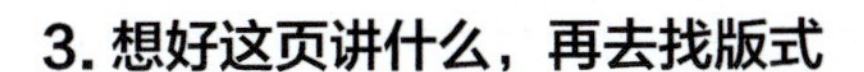

3. 想好这页讲什么，再去找版式

选版式，先想好这页的内容，然后再选择版式。

4. 选好排版参考，“偷工减料”地借鉴

直接借鉴选好的版式不太好，借鉴过程中也是有“技巧”的。

① 只参考最简单的排版设计，复杂的设计制作起来费时费力，得不偿失。

② 偷工减料地借鉴——设计感强的演示文稿，往往细节丰富，只借鉴大体设计即可。

③ 定好颜色——这一点绝对不能偷懒，选好颜色搭配，演示文稿的设计感会大大加强。

例如，一个可参考的排版如下。

我们可以简化为下面这样，省略很多细节。

5. 一丝不苟的对齐

做好对齐统一的细节：白底黑字、少量颜色；字体大小统一；段落字句等处处对齐，演示文稿就会大不一样。

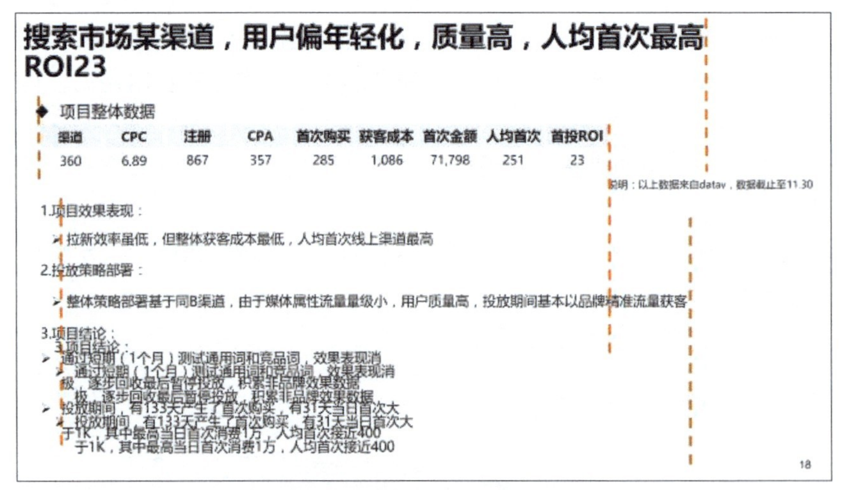

演示文稿是重要的沟通工具，要做得大方专业，做出设计感，就要用白底黑字、统一字体、少许颜色、处处对齐。

第 3 章 演示文稿炫酷特效

在做好演示文稿内容的基础上，如果做出炫酷的亮点，能最大程度吸引观众的眼球，让人印象深刻。制作炫酷特效的重点在于做好标题设计和动画设计，所以本章主要介绍创意十足的文字特效和视觉冲击力极强的动画特效的制作方法。

扫码回复关键词“WPS 演示”，下载配套操作视频

3.1 PPT 的炫酷文字特效

本节主要涉及文字特效的设计，特别适用于封面标题设计和重点页面的关键文字设计，做出让人眼前一亮的炫酷效果。

01 如何快速做出艺术字效果?

演示文稿中使用一些漂亮的字体总会受到欢迎，今天就教大家如何快速做出艺术字效果。

方法 1：预设样式

1 在【插入】选项卡中单击【艺术字】图标，在弹出的菜单中选择【预设样式】-【渐变填充 - 钢蓝】命令。

2 在下方的文本框中输入需要的文字，艺术字效果就设计完成了。

请在此处输入文字

艺术字效果

方法 2：稻壳儿艺术字

1 在【预设样式】下还可以选择【稻壳艺术字】，这是 WPS 演示的特色功能，还有更多不同风格的艺术字体可供选择，包括极简、3D 等样式。

2 选中相应的艺术字体后，在下面的文本框中修改文字即可生成艺术字效果。

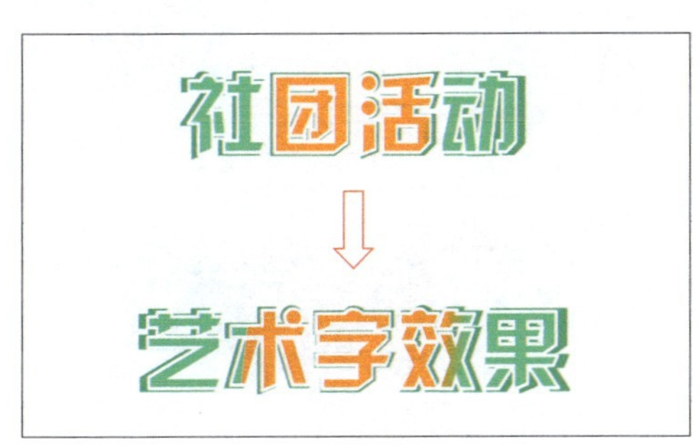

02 如何做出粉笔字特效?

无论是教学课件，还是答辩展示，在制作这类校园主题演示文稿时，我们都可以尝试给文字加上粉笔字效果，这样的演示文稿更符合校园场景，整体风格也更加活泼。如何做出这种炫酷的粉笔字特效呢?

炫酷的粉笔字特效

绘制粉笔纹理

1 在【插入】选项卡中单击【形状】图标，在弹出的菜单中选择【自由曲线】命令。

2 自由绘制一条曲线，按住【Ctrl】键的同时将曲线向右拖动一小段距离，复制出一条曲线；然后按【F4】键重复上一步操作，多复制出几条曲线。

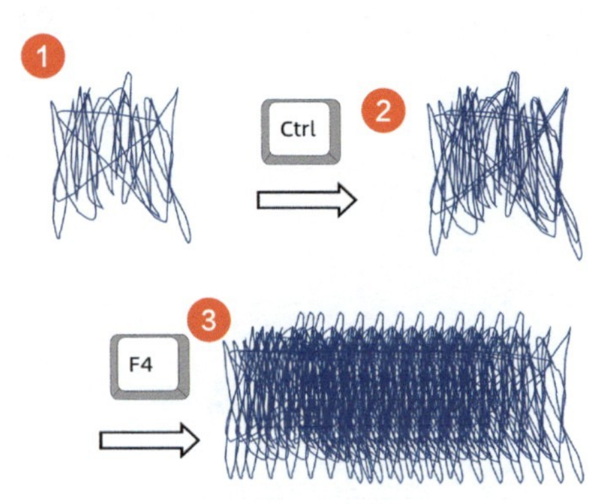

3 选中绘制出的全部曲线，按快捷组合键【 Ctrl+G 】将曲线组合在一起。

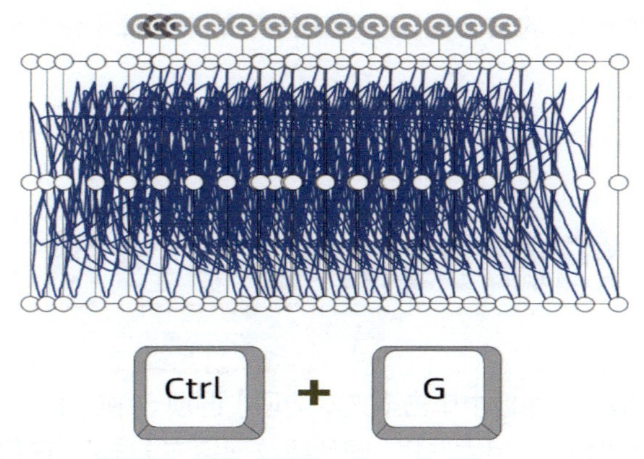

4 右键单击曲线组合，在弹出的菜单中选择【剪切】命令；在空白处右键单击，在弹出菜单的【粘贴选项】中选择【粘贴为图片】命令。

5 右键单击图片，在弹出的菜单中选择【裁剪】命令，拖曳裁剪框将边缘纹理较为稀疏的部分裁剪掉。

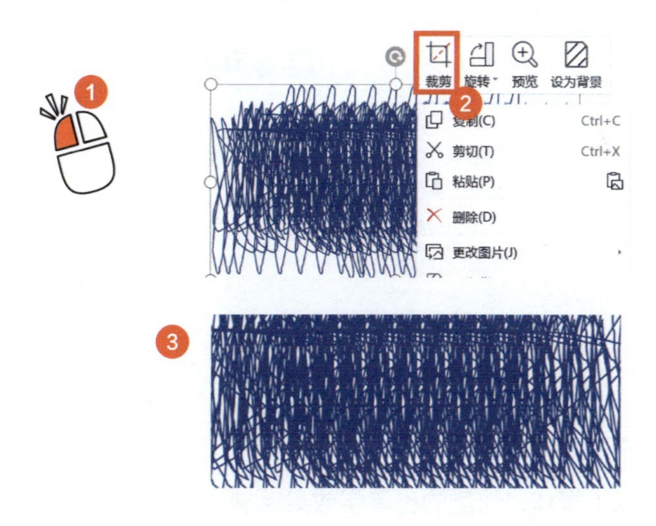

6 右键单击裁剪后的图片，在弹出的菜单中选择【剪切】命令，然后右键单击需要修改的文本框，在弹出的菜单中选择【设置对象格式】命令。

7 在【对象属性】面板中单击【文本选项】选项卡中的【填充与轮廓】图标，在【文本填充】组中选择【图片或纹理填充】选项，在【图片填充】下拉列表中选择【剪贴板】选项。

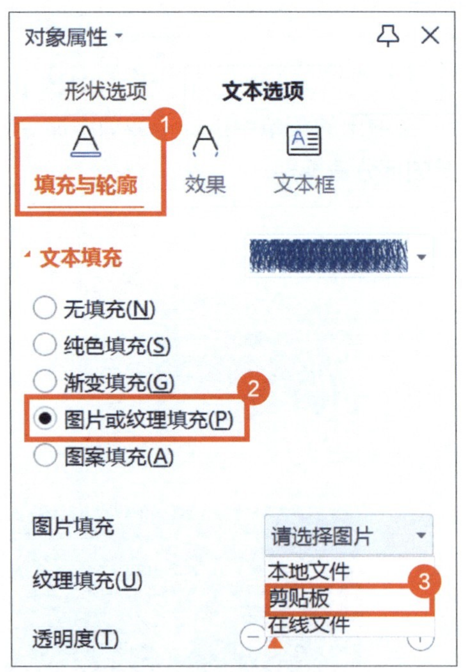

通过以上操作，炫酷的粉笔字效果就制作完成了。此外，还可以通过修改曲线的颜色来调整粉笔字的颜色。

03 如何做出渐隐文字特效?

渐隐文字的效果丰富了文字的表达层次，一直以来深受设计师的喜爱。用 WPS 演示设计渐隐字其实也非常简单。

渐隐文字特效

1 制作渐隐文字效果的前提是每个文本框内仅有一个文字。首先，在【插入】选项卡中单击【文本框】图标，在页面中单击插入一个文本框并输入第一个字。

2 按住【Ctrl】键，同时将文本框向右拖曳，复制出一个，使两个文字的一小部分重叠在一起。

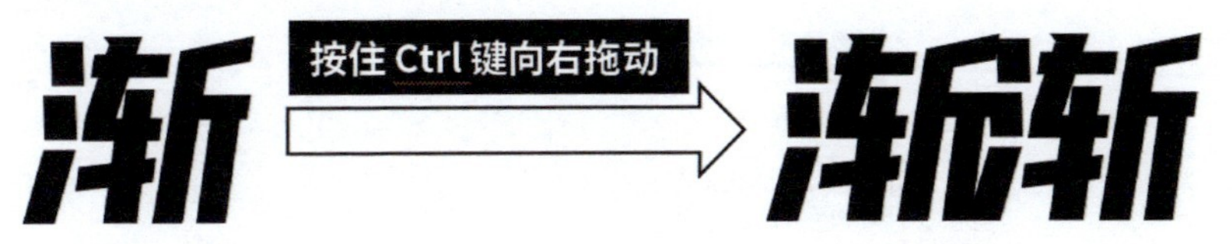

3 重复步骤2的操作，复制出足够数量的文本框，然后逐一更改文本框中的文字内容。

渐隐文字特效

4 用鼠标框选所有文本框，右键单击文本框，在弹出的菜单中选择【设置对象格式】命令。

5 在【属性】面板中单击【文本选项】-【填充与轮廓】图标，在【文本填充】组中选择【渐变填充】选项。

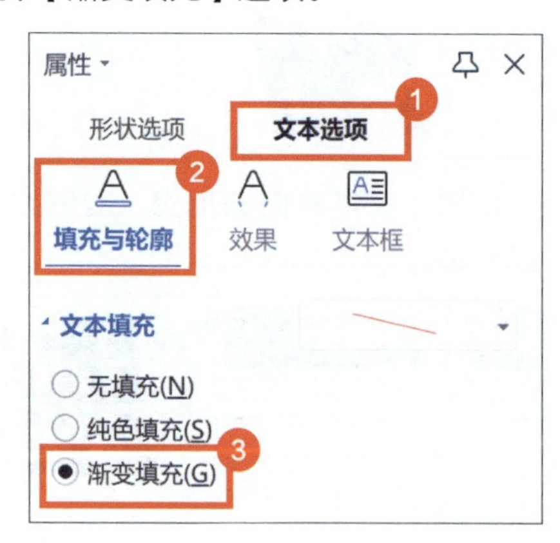

6 调整渐变设置。【渐变样式】设置为【线性】,【角度】设置为“0.0° ”。

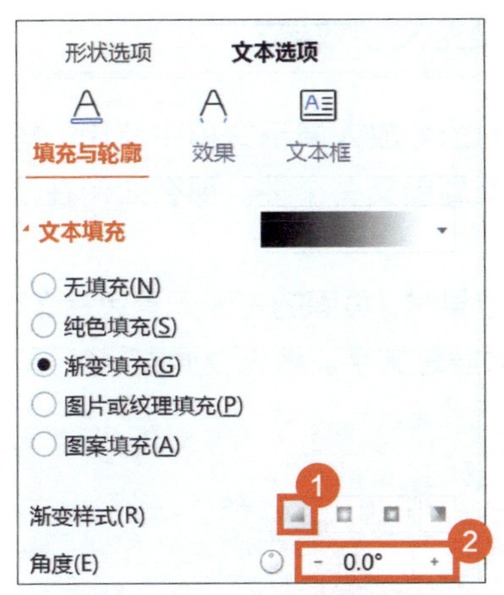

7 设置两个渐变光圈为同一颜色，左侧渐变光圈【位置】为“0%”，【透明度】为“0%”。

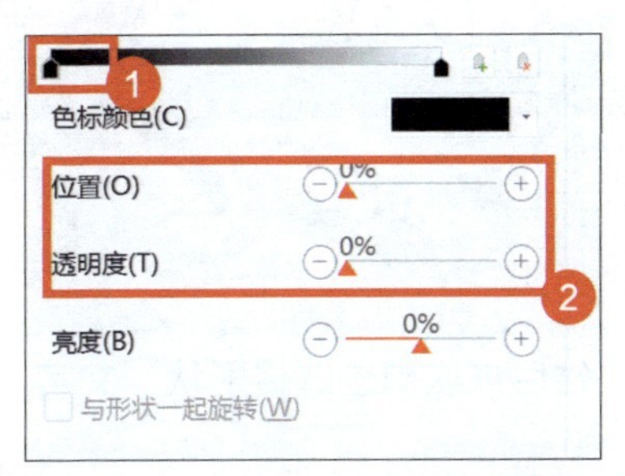

8 右侧渐变光圈【位置】为“100%”，【透明度】为“100%”。

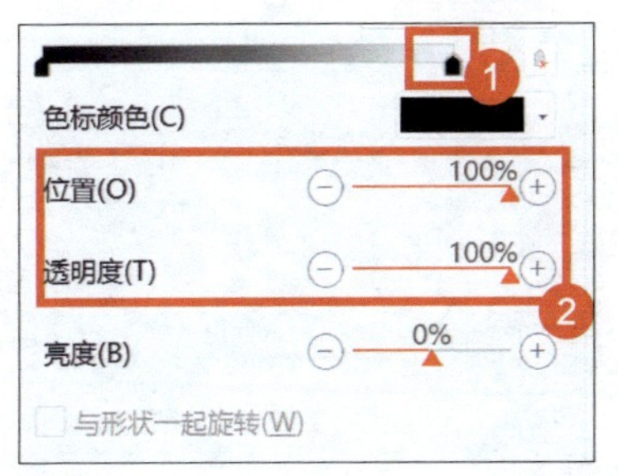

渐隐文字效果就设计完成了，可以进一步调整渐变颜色，做出更丰富的渐隐文字效果。

04 如何做出镂空文字效果?

想把一张好看的图片放入演示文稿中使用，搭配镂空的文字效果是最合适的，显得既高级又有个性。那么如何在演示文稿中制作镂空文字呢?

1 在制作镂空文字效果时，页面的主要元素包括 3 个，最底层是图片，中间层是形状，最顶层是文字。首先要调整好各元素的位置。

2 按住【Ctrl】键，然后依次单击选择形状、文字。

3 在【绘图工具】选项卡中单击【合并形状】图标，在弹出的菜单中选择【剪除】命令，镂空文字效果就制作完成了。

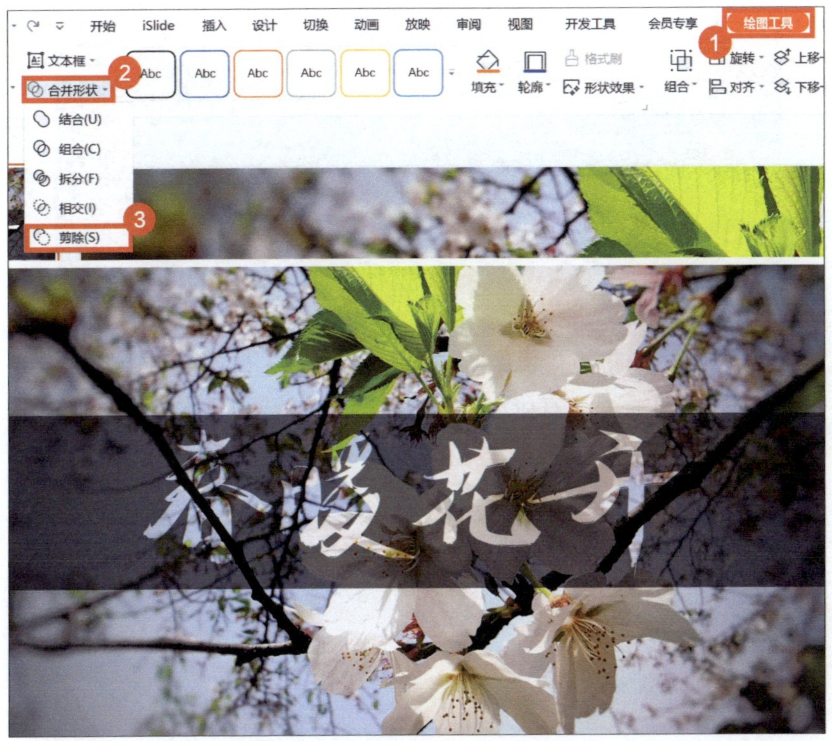

此外，我们还可以将底层的图片换成视频，就能做出动态的镂空文字效果。

05 如何将文字三维旋转铺在道路上?

将文字三维旋转后摆放在道路上，空间感立刻就出来了，这样的文字展示效果与图片结合得更加自然。如何对文字进行这样的三维旋转呢?

1 单击选中文本所在的文本框，在【文本工具】选项卡的功能区中单击【文本效果】图标，在弹出的菜单中选择【转换】-【梯形】命令。

2 拖曳“调整手柄”（淡黄色控点），改变文字的倾斜角度。

3 根据道路形状进一步调整文字的大小、位置和倾斜角度，便可以实现把文字铺在道路上的效果。

这里主要用到了【文本效果】中【转换】效果中的一种。转换效果还有很多，搭配不同的应用场景可以做出更多好看的设计，大家多多尝试。

06 如何制作滚动字幕效果?

利用滚动字幕效果可以在播放音乐时显示歌词，或者展示项目的团队分工等。这种滚动字幕效果只需要简单几步就可以设计出来。

1 单击选中字幕所在的文本框，在【动画】选项卡中单击【自定义动画】图标，在右侧属性栏中选择【添加效果】选项。

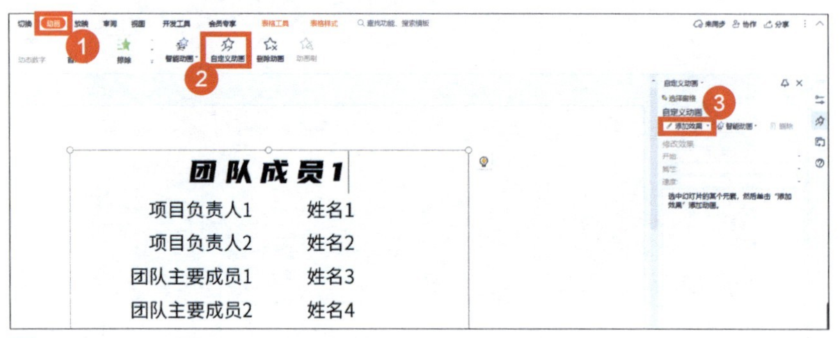

2 在弹出的【添加动画】面板中选择【向上】选项。

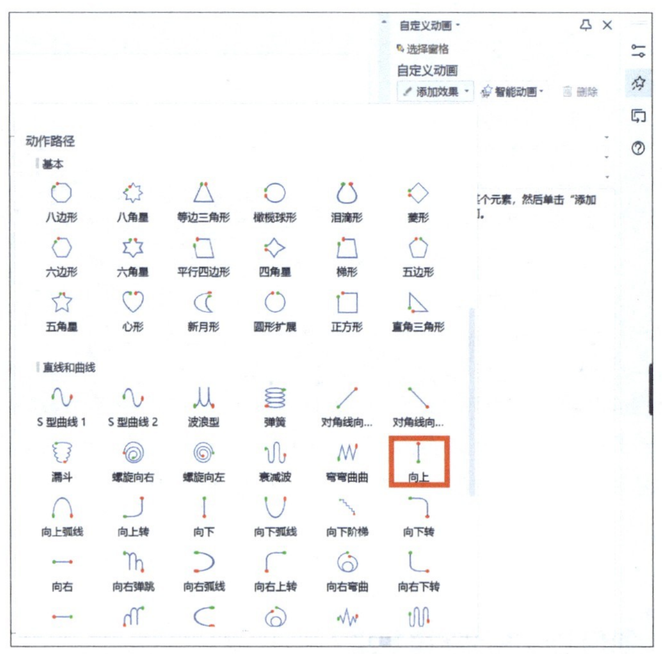

3 完成上一步设置后，文本框上将出现两个圆圈，其中绿色圆圈代表动画的开始位置，红色圆圈代表动画的结束位置。选中对应圆圈，通过调节圆圈的位置来改变动画的始末位置。

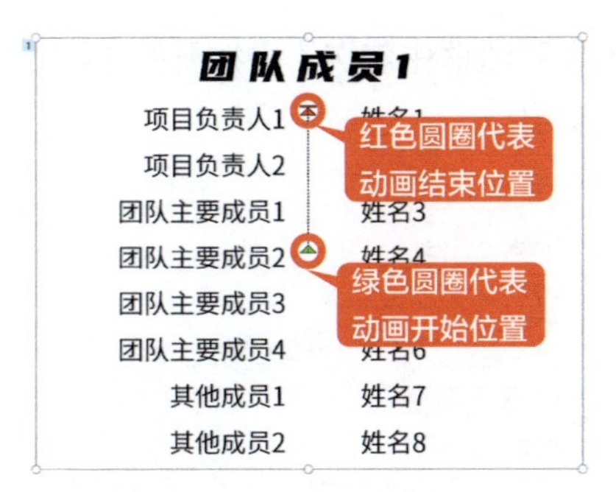

4 选中文本框，在右侧属性栏中设置【速度】为【中速】。

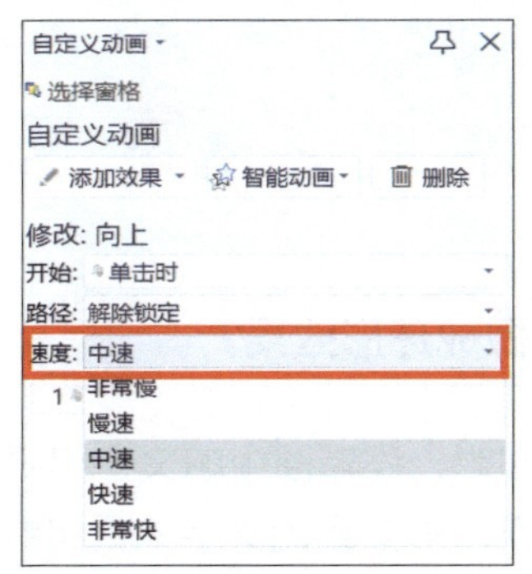

5 在【自定义动画】面板中单击【表格 4】选项，在下拉列表中选择【效果选项】。

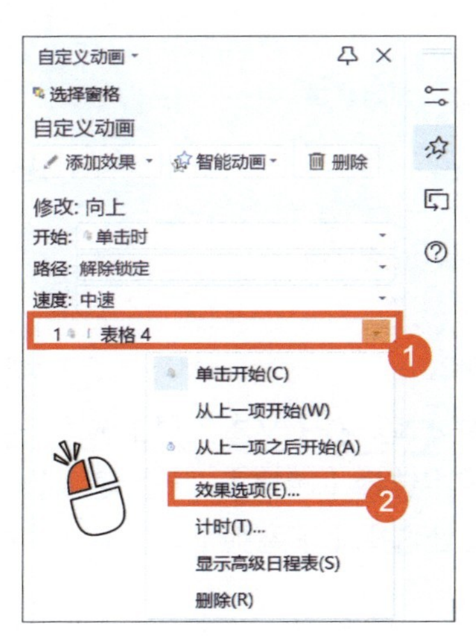

6 在弹出的【向上】对话框中勾选【平稳开始】和【平稳结束】选项，最后单击【确定】按钮。

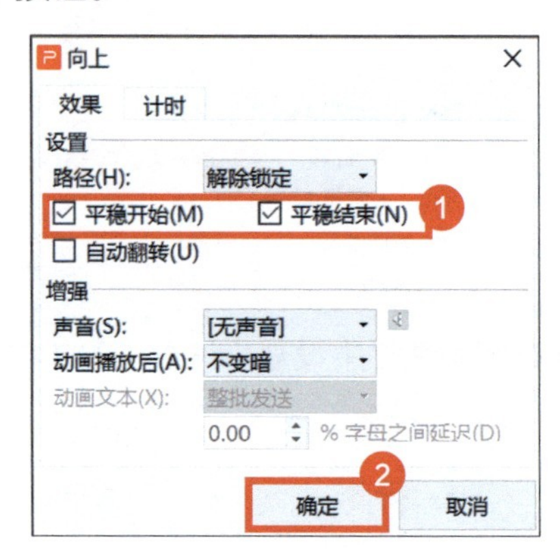

07 如何将文字做成环形效果?

在制作环形逻辑图时，逻辑图中的文字如果直接摆放，会显得非常生硬，可以尝试制作环形效果的文字，更加贴合逻辑表达。这样的效果该怎么制作呢?

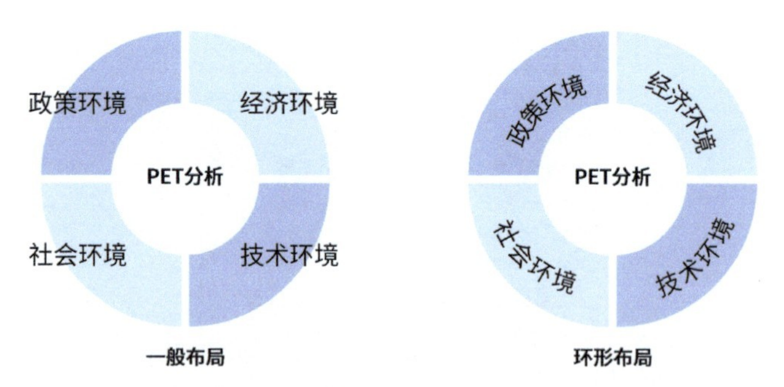

1 选中文本所在的文本框，在【文本工具】选项卡中单击【文本效果】图标，在弹出的菜单中选择【转换】-【上弯弧】。此处需要注意，对于下半圆的文字，此处选择【下弯弧】。

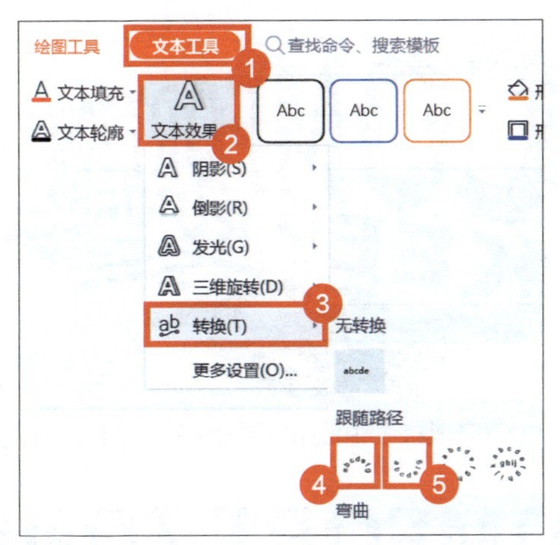

2 在【绘图工具】选项卡中设置长和宽一致，如均设置为“5.00 厘米”。

3 转动文本框的“旋转手柄”，将文字旋转至与环形相适应的位置，完成案例操作。

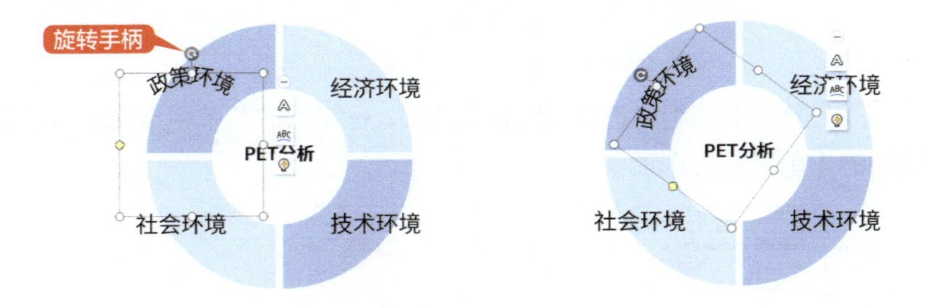

08 如何制作综艺款立体字效果?

在很多综艺节目中，比较常用的设计是通过对文字进行立体化旋转，构建一个三维空间。如何制作这种立体字效果呢?

1 右键单击第一个文本框，在弹出的菜单中选择【设置对象格式】命令。

COMFORT ZONE

2 在【对象属性】面板中单击【形状选项】-【效果】图标。

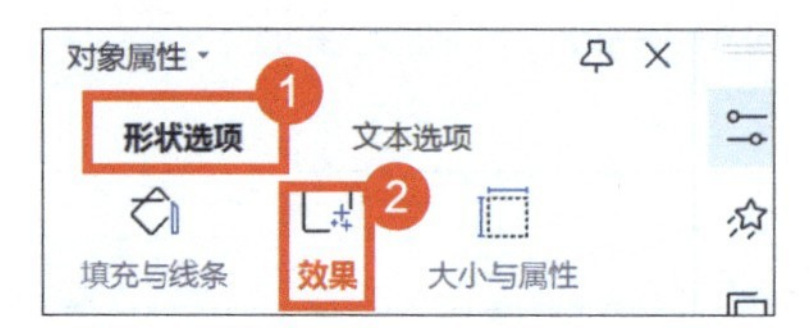

3 在【三维旋转】组中选择【预设】选项，在弹出的菜单中选择【透视】组中的【前透视】选项。

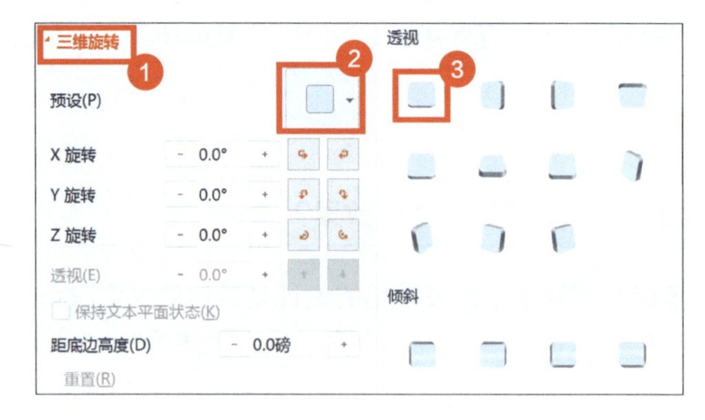

4 设置【三维旋转】组中的参数如下图所示。第一组文本的立体效果设置完成。

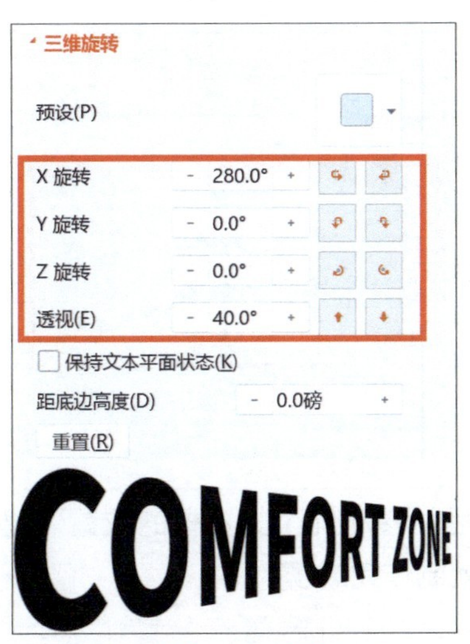

5 对于第二组文本，重复步骤1～步骤4的操作，在步骤4中设置【三维旋转】组中的参数如下图所示。

6 第三组文本框设置在底层，重复步骤1～步骤4的操作，在步骤4中设置【三维旋转】组中的参数如下图所示。

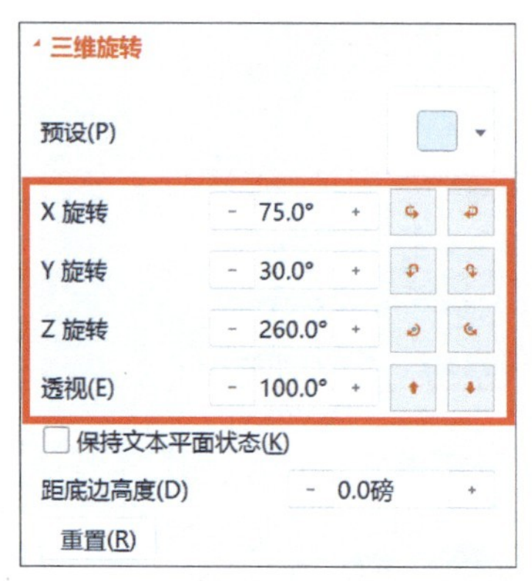

完成以上步骤后，移动几个文本框的位置，调整文字大小，空间感超强的文字效果就制作完成了。

09 如何将人像与文字相结合?

文字的设计其实还可以结合图像的内容进行调整，尤其是在包含人像的图片中，可以做出人像与文字相结合的效果。

1 首先将文字摆放到合适的位置，让文字与人物之间存在相交的部分。

2 右键单击文本框，在弹出的菜单中选择【设置对象格式】命令。在【对象属性】面板中单击【文本选项】-【填充与轮廓】图标，并将【文本填充】中的【透明度】设置为“50%”。

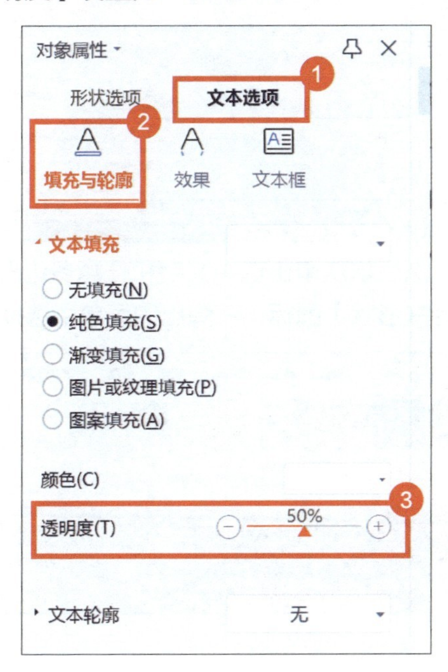

3 按住【Ctrl】键，同时鼠标滚轮向前拨动，放大和移动画面至人像与文字相交处。在【插入】选项卡的功能区中单击【形状】图标，在弹出的菜单中选择【任意多边形】命令。

4 沿着人像边缘单击绘制出一个任意多边形，覆盖人物与文字的相交部分。

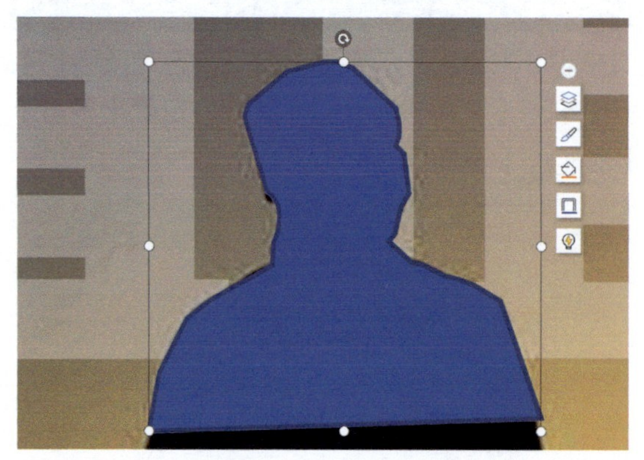

5 按住【Ctrl】键，然后依次单击选中文字和任意多边形，在【绘图工具】选项卡中单击【合并形状】图标，在弹出的菜单中选择【剪除】命令。

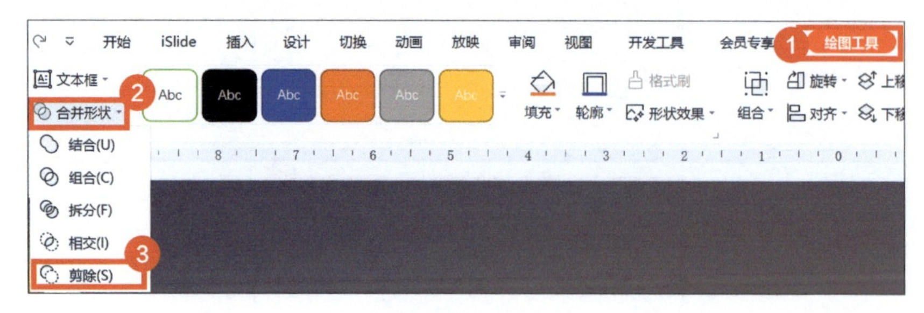

6 右键单击文本（此时已经变为一个形状），在弹出的菜单中选择【设置对象格式】命令，在【对象属性】面板中单击【形状选项】-【填充与线条】图标，在【填充】组中选择【纯色填充】选项，将【透明度】设置为“0%”。

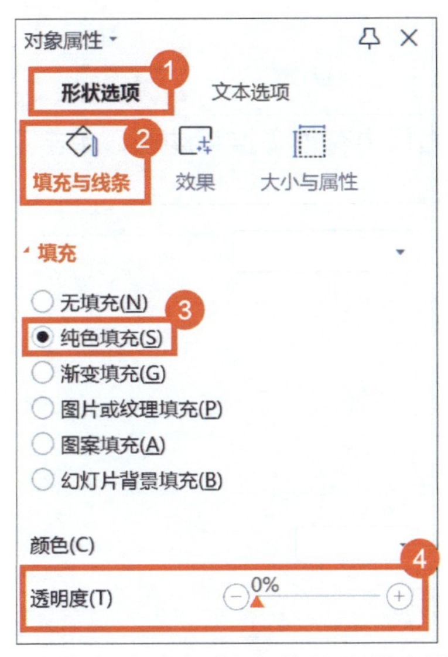

通过以上操作，人像与文字相结合的效果就制作完成了。

3.2 演示文稿的炫酷动画特效

本节主要涉及演示文稿动画的制作技巧，读者学会并利用本节介绍的各种技巧，在今后的演示文稿展示中，能轻松成为全场的焦点。

01 如何给演示文稿添加好看的动画?

为了使演示文稿更丰富有活力，可以为演示文稿上的图片或形状添加动画效果，那如何快速添加好看的动画呢?

1 选中要添加动画的文本框或图片，在【动画】选项卡中单击【智能动画】图标。

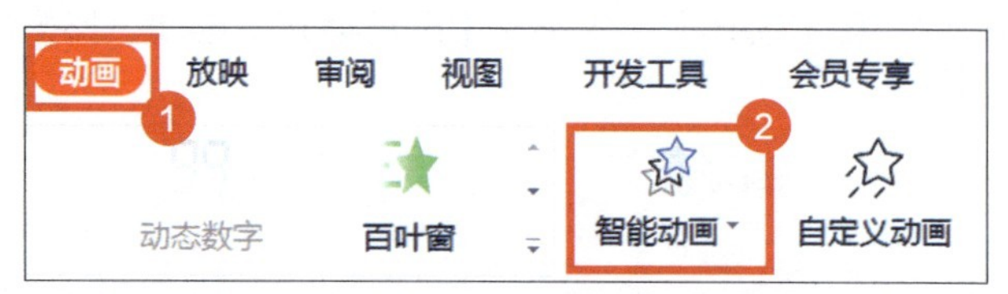

2 在【智能动画】面板中有很多推荐动画，单击【查看更多动画】可以找到更多动画效果。

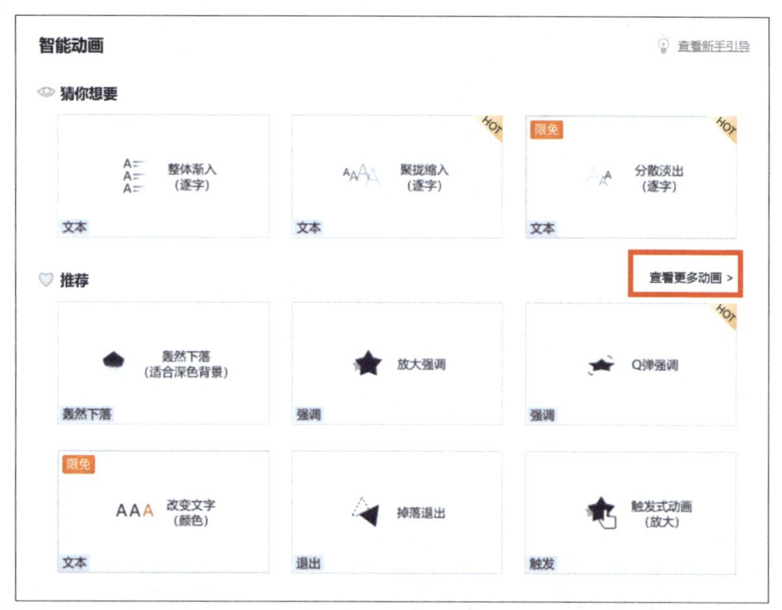

3 选择并下载相应动画效果以后，就可以为演示文稿中的文字或图片增加动画效果。

02 如何做出烟花动画?

我们常感叹烟花的华丽绚烂，那么如何制作烟花绽放的效果呢?

1 找一张夜空的图片当作背景图，使用【插入】-【形状】-【椭圆】命令，在背景图上插入几个圆形。

2 选中其中一个圆形，在【动画】选项卡中单击【自定义动画】图标，在【自定义动画】面板中单击【添加效果】-【飞入】命令，设置【速度】为“非常快”。

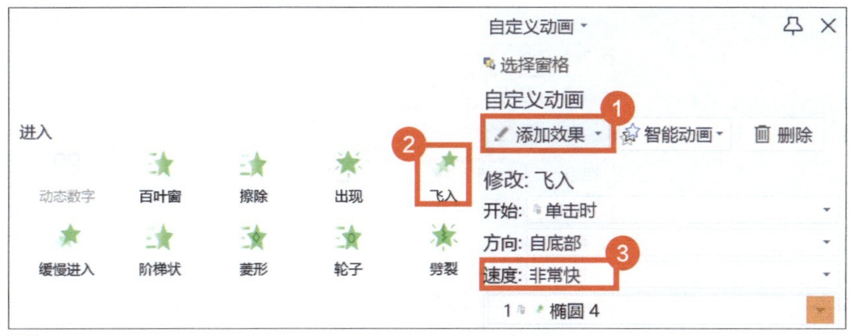

3 在【动画】选项卡中单击【自定义动画】图标，在【自定义动画】面板中选择【添加效果】-【放大/缩小】命令。

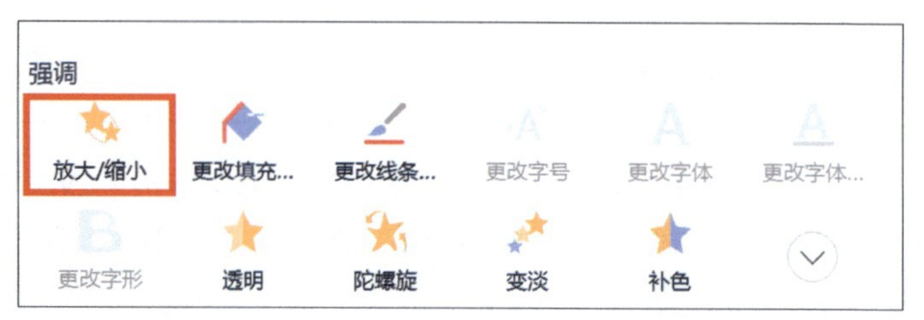

4 右键单击“随圆 4”，选择【效果选项】，在弹出的【放大 / 缩小】对话框中选择【效果】选项卡，在【尺寸】下拉列表中选择【自定义】选项，将数值设置为“150%”。

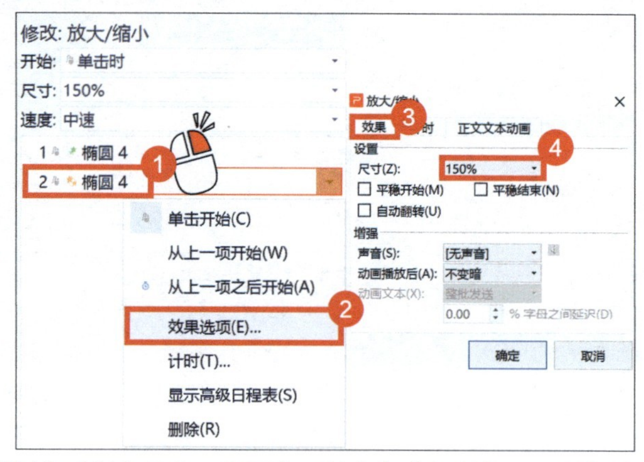

5 切换到【计时】选项卡，设置【开始】为“之前”，设置【速度】为“中速（2 秒）”。

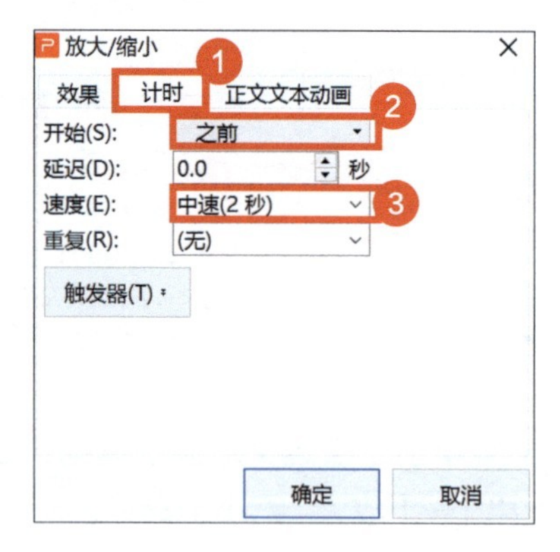

6 再添加一个动画，选择【更多退出效果】-【向外溶解】。

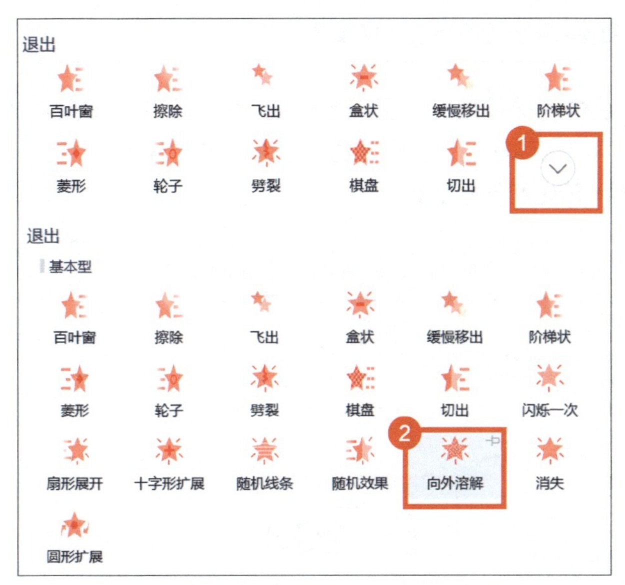

7 右键单击形状，选择【效果选项】，在弹出的【向外溶解】对话框中选择【计时】选项卡，将【开始】设置为“之前”，【延迟】设置为“0.5 秒”，【速度】设置为“中速（2 秒）”。

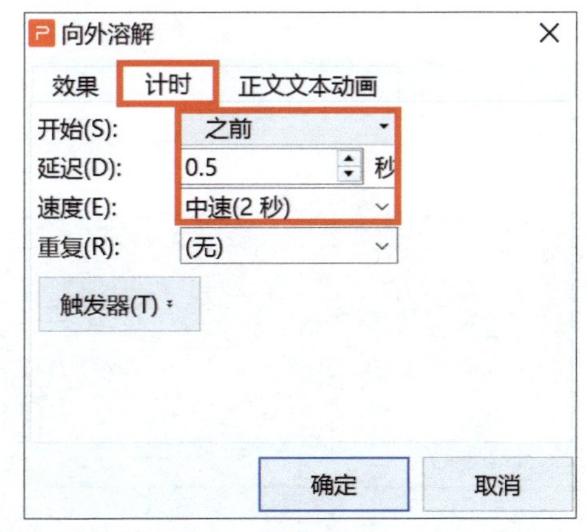

通过以上操作即可完成烟花效果的制作。

03 如何做出卷轴动画效果?

卷轴从中间徐徐展开，呈现出一幅字画，这样的动画效果是不是非常有中国风的韵味呢？卷轴动画的制作也非常简单！

1 首先插入预先准备好的素材

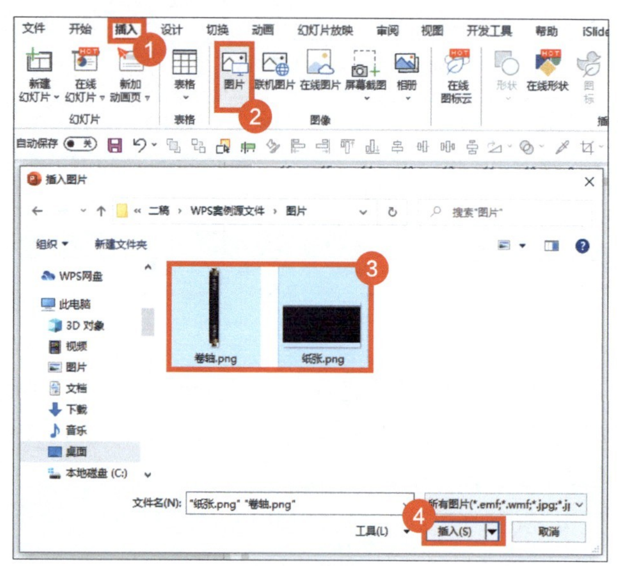

2 选中纸张和文字，添加【劈裂】动画。

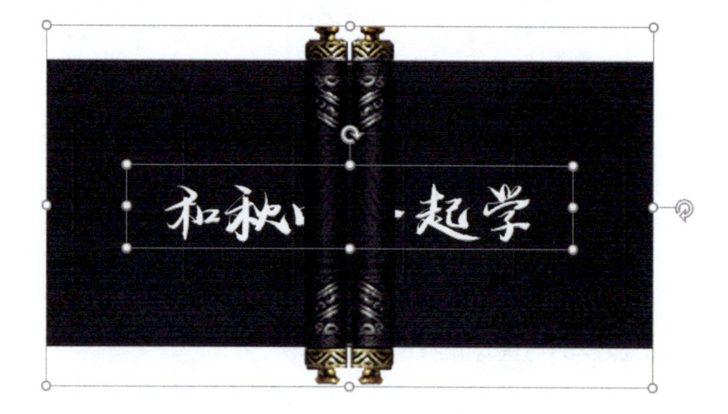

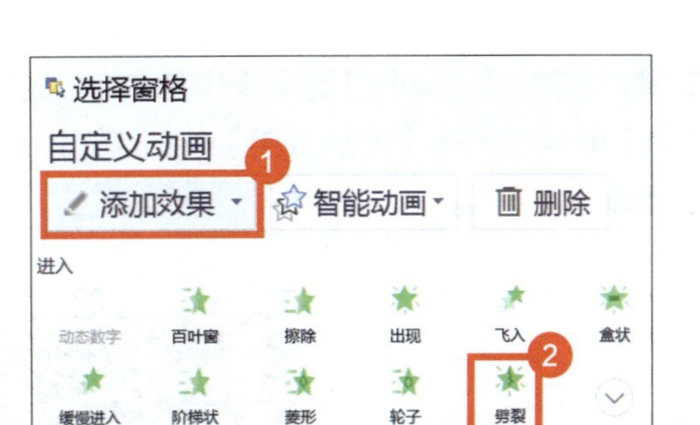

3 在【自定义动画】的面板中将【开始】设置为“之前”，将【方向】设置为“中央向左右展开”，将【速度】设置为“非常慢”。

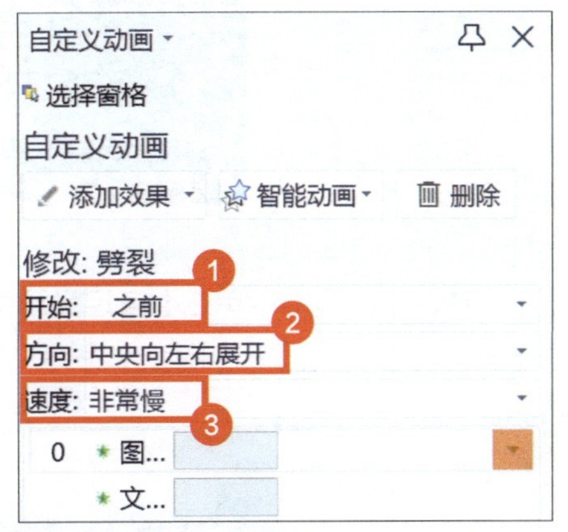

4 单独选中文本框，右键单击选择【效果选项】命令，在【计时】选项卡中设置【延迟】为“0.5”，单击“确定”按钮。

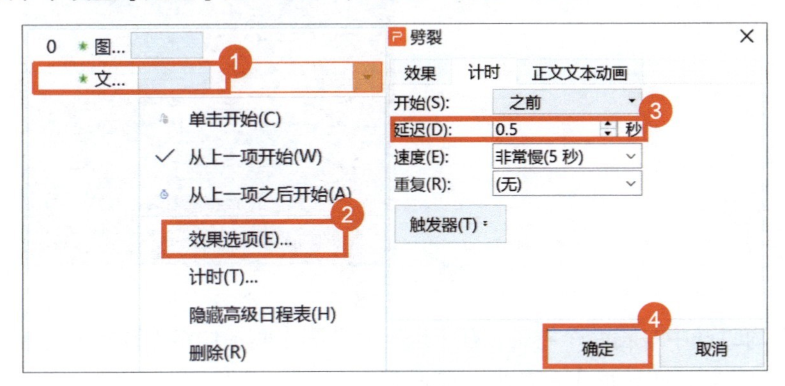

5 选中位于左侧的卷轴，在【动画】选项卡中单击【自定义动画】图标，在【自定义动画】面板中选择【添加效果】-【向左】命令，并将路径的终点设置为纸张的最左侧。

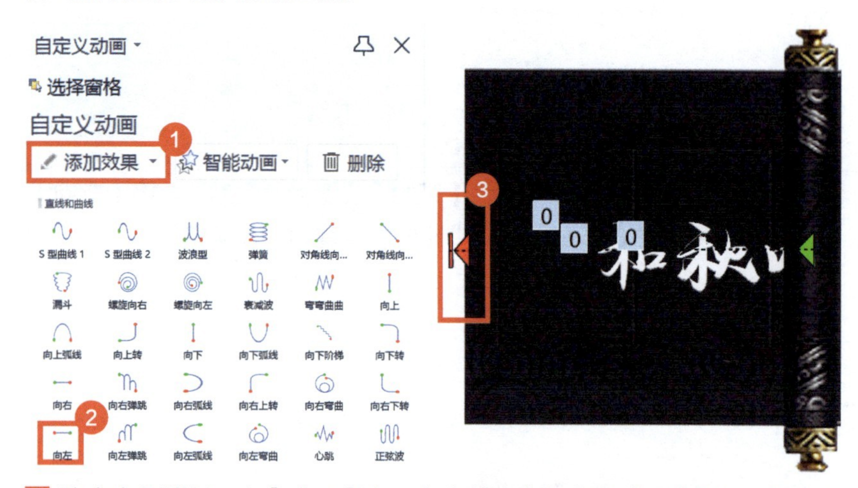

6 选中右侧卷轴，在【动画】选项卡中单击【自定义动画】图标，在【自定义动画】面板中选择【添加效果】-【向右】命令，并将路径的终点设置为纸张的最右侧。

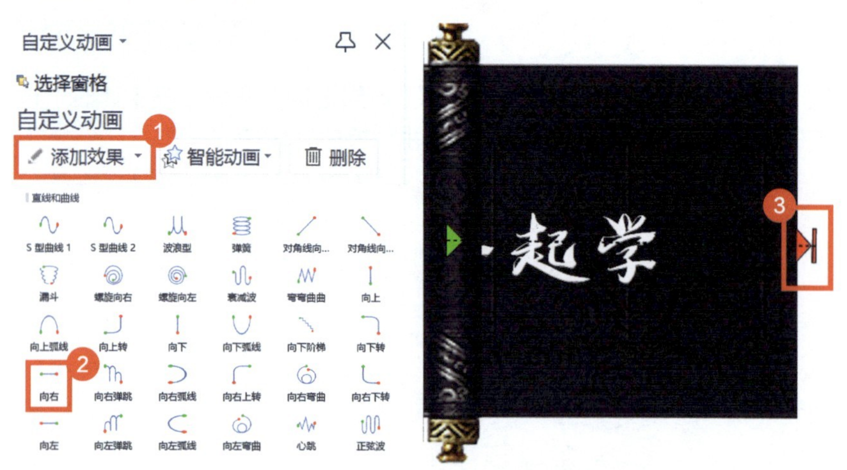

7 同时选中左右两个卷轴，在【自定义动画】面板中将【开始】设置为“之前”，【速度】设置为“非常慢”。

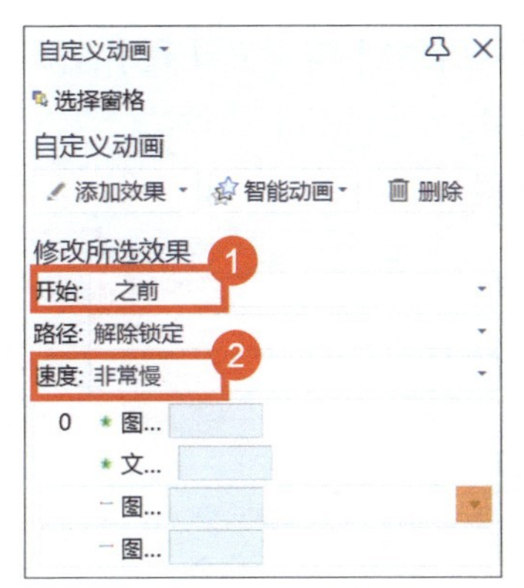

8 在【动画】选项卡中单击【预览效果】图标，就可以看到卷轴从中间徐徐展开的效果了！

04 如何做动态相册？

公司团建或家庭出游，都会拍非常多的照片，想让照片完美地展示，不如做个动态相册！

1 从左到右排列照片后全选，按快捷组合键【Ctrl+G】将其组合起来。

2 在【动画】选项卡中单击【自定义动画】图标，在【自定义动画】面板中选择【添加效果】-【向右】命令。

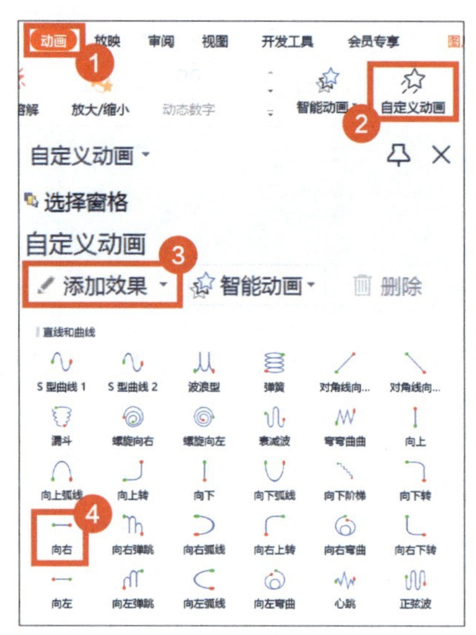

3 拖曳路径终点到最后一张照片的播放结束位置。

4 在【自定义动画】面板中右键单击【组合】，在弹出的菜单中选择【效果选项】命令，在弹出的【向右】对话框中勾选【平稳开始】和【平稳结束】选项，最后单击【确定】按钮。

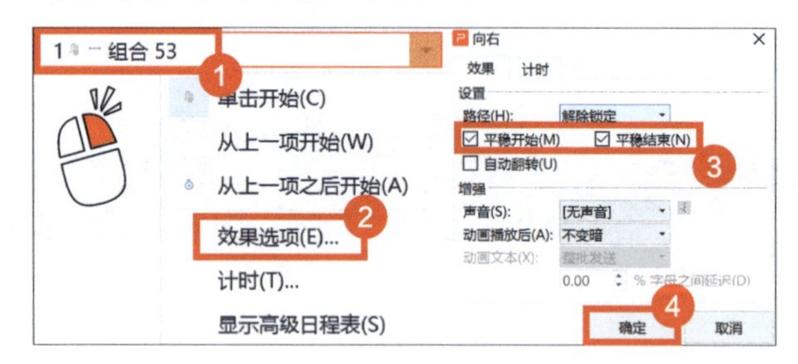

5 在【插入】选项卡中单击【形状】图标，在弹出的菜单中选择【椭圆】命令，在幻灯片上方和下方分别插入一个椭圆。

6 右键单击椭圆，在弹出的菜单中选择【设置对象格式】命令，在【对象属性】面板中单击【形状选项】-【填充与线条】图标，在【填充】组中选择【纯色填充】选项，将【颜色】设置为背景色。在【线条】组中选择【无线条】选项。

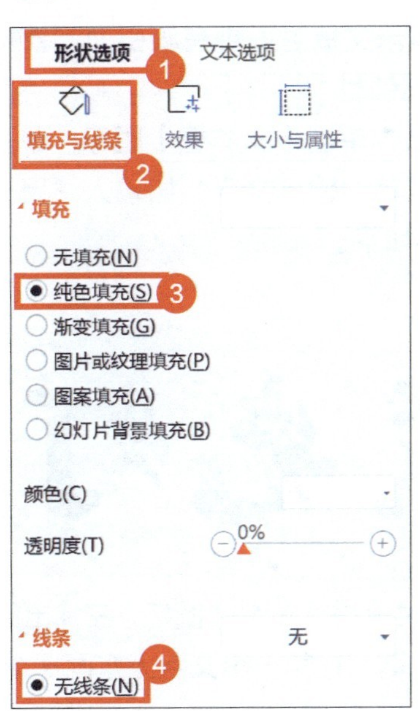

7 在【效果】组中为上方椭圆添加【向下偏移】的阴影，下方椭圆添加【向上偏移】的阴影。

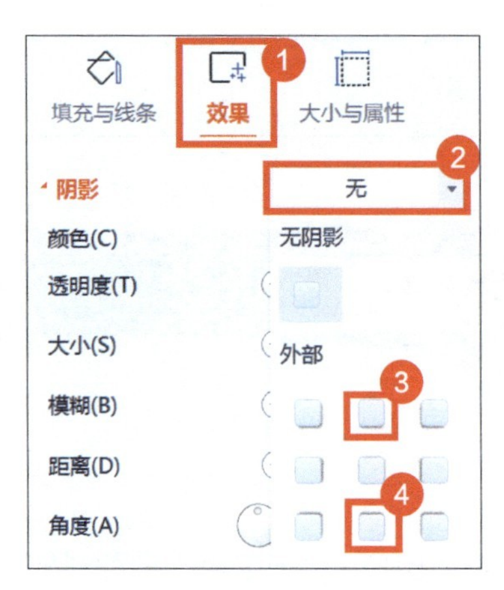

05 如何做出华丽的聚光灯动画?

想不想让你的演示文稿封面更有吸引力？直接在封面中做个聚光灯动画，让观众目不转睛！

1 在【插入】选项卡中单击【文本框】图标，单击幻灯片页面，插入一个空白文本框，在其中输入文字，如输入“聚光灯”，修改字体、字号等参数后，效果如下。

2 在【插入】选项卡中单击【形状】图标，在弹出的菜单中选择【椭圆】命令，按住【Shift】键，在第一个文字上方画一个圆形。

3 在【绘图工具】选项卡中单击【填充】图标，设置【主题颜色】为【白色】。

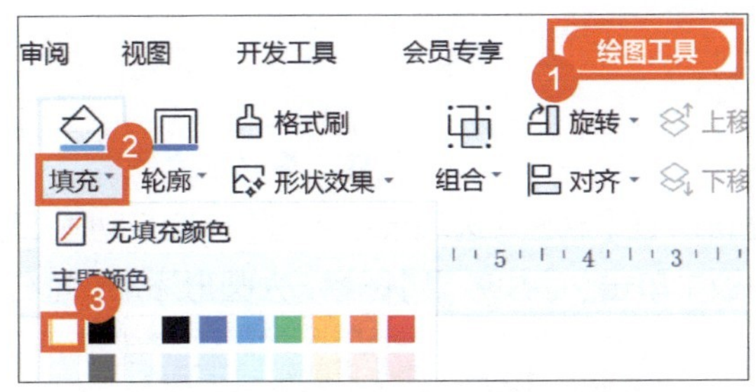

4 在【绘图工具】选项卡中单击【轮廓】图标，设置为【无边框颜色】。

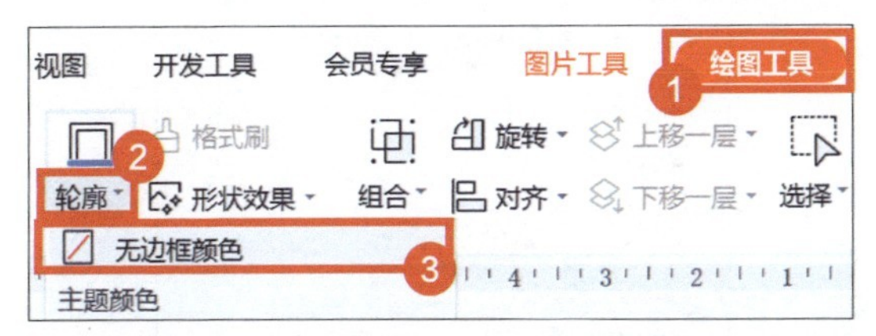

5 在【绘图工具】选项卡中单击【下移一层】图标右侧的下拉按钮，选择【置于底层】命令。

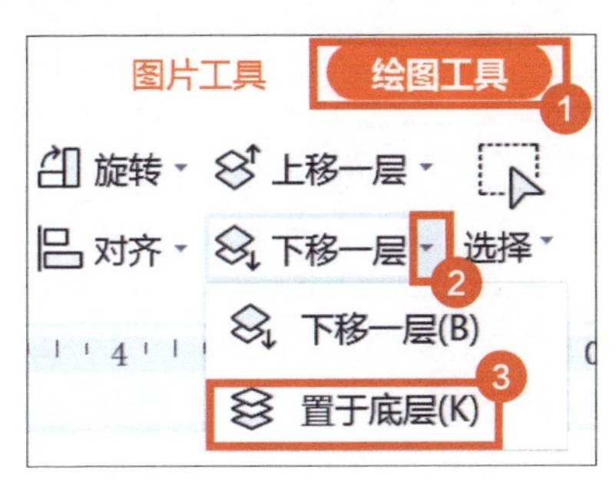

6 右键单击幻灯片画布，在弹出的菜单中选择【设置背景格式】命令，在弹出的【对象属性】面板中修改填充颜色为【黑色】。

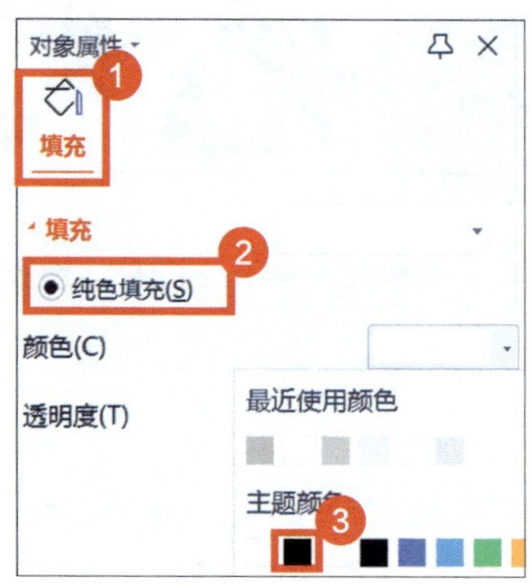

7 选中白色圆形，在【动画】选项卡中单击【自定义动画】图标，在【自定义动画】面板中单击【添加效果】图标，为圆形添加【向右】路径动画。

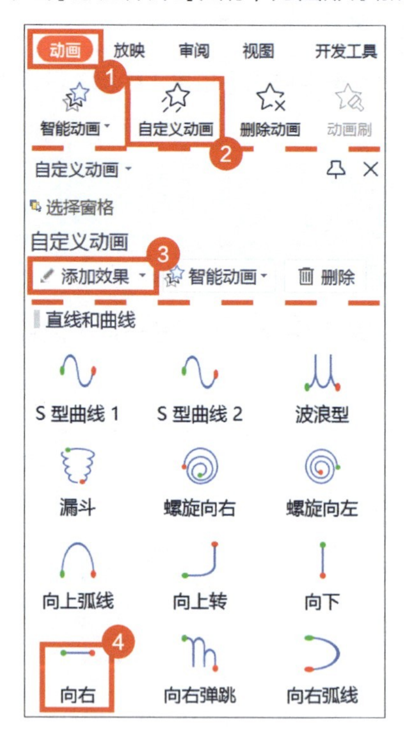

8 将动画路径终点设置为末尾文字处，聚光灯动画就做好了。

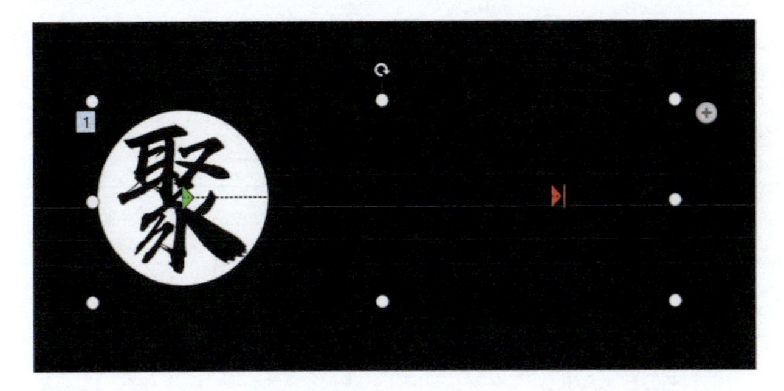

06 如何制作视频弹幕效果?

平时在视频网站上看电影，有些弹幕很精彩，那么演示文稿中可以做出弹幕效果吗?

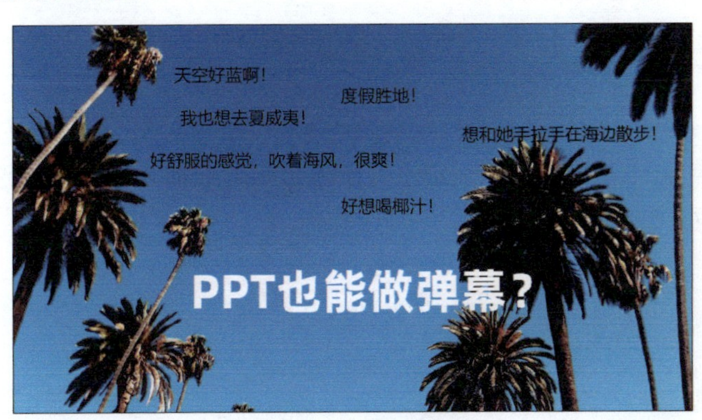

1 将各个弹幕文本框放入幻灯片左边的外侧。

2 框选所有弹幕文本框，在【动画】选项卡中单击【自定义动画】图标，在【自定义动画】面板中单击【添加效果】图标，为文本框添加【飞入】动画，【开始】设置为“之前”，【方向】设置为“自右侧”，【速度】设置为“非常慢”。

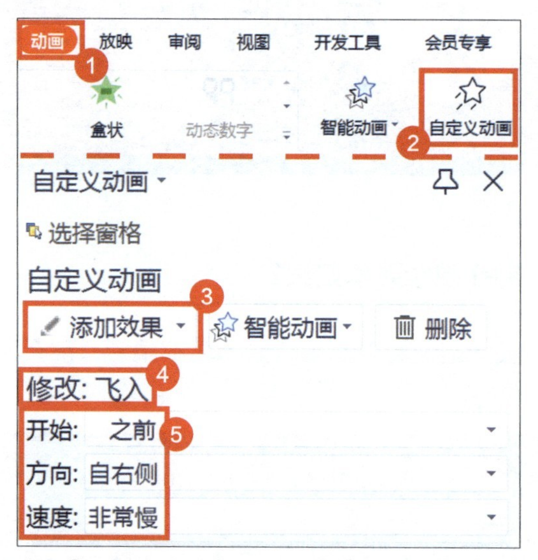

3 在【自定义动画】面板中右击【文本框】选项，在弹出的菜单中选择【计时】选项。

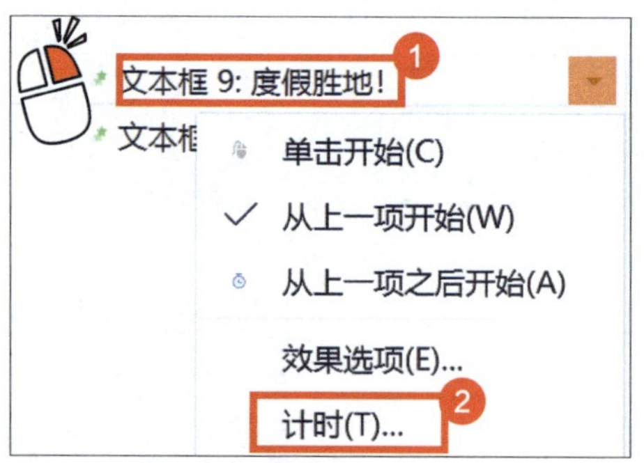

4 为文本框设置不同长短的【速度】和【延迟】时间，设置【延迟】为“0.5”，【速度】为“非常慢（5 秒）”，单击【确定】按钮。

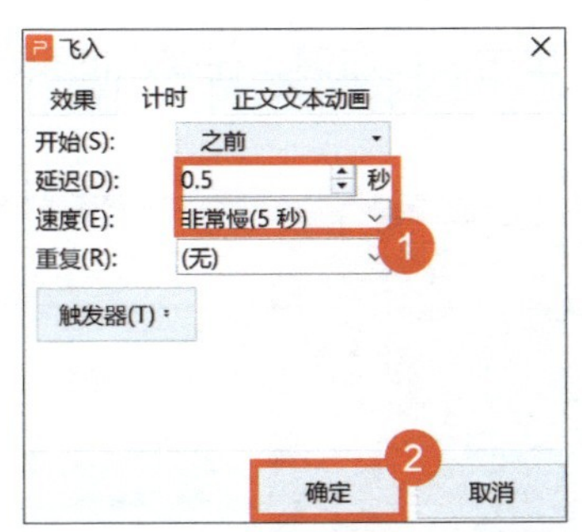

5 另外一个文本框设置【延迟】为“1.0”，【速度】为“非常慢（5 秒）”，单击【确定】按钮，设置完后放映演示文稿，弹幕效果就做好了！

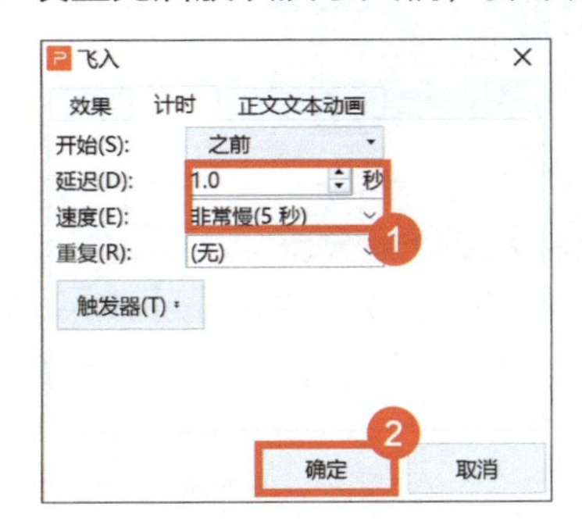

07 如何制作 3D 动态目录？

是不是你做出的目录页总被人嫌弃，没有创意？那就做一个 3D 动态的目录页吧，绝对能赢得他人欢心！

1 准备一页目录页幻灯片。

2 选中第一排文字，单击鼠标右键，在弹出的菜单中选择【设置对象格式】命令。

3 在【对象属性】面板中单击【文本选项】–【效果】图标，在【三维旋转】组中，修改【预设】为【前透视】，将【Y旋转】的参数设置为“300.0°”。

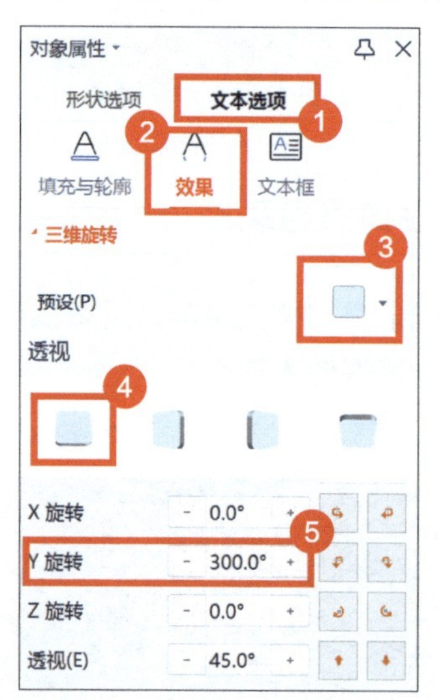

4 重复上一步操作，为其他的文本框设置三维效果，不同文本框中的【Y旋转】参数设置如下图所示。

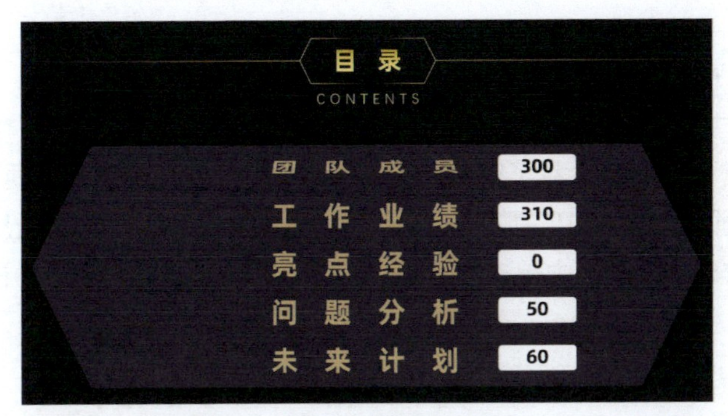

5 调整字体的大小和颜色，使用快捷组合键【Ctrl+D】将这页幻灯片复制、粘贴，得到与目录数相同的页数，修改对应的目录信息。

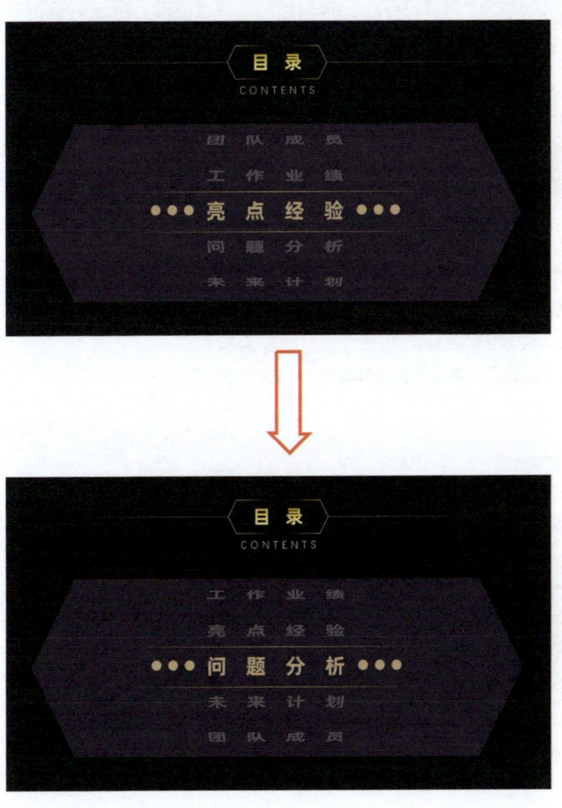

08 如何快速禁用演示文稿中的所有动画?

在演示文稿中设置了很多动画，显得太乱、太花哨，动画项目太多，一个个删除太费时间！别担心，下面教你快速禁用所有的动画！

1 在【放映】选项卡中单击【放映设置】图标，在弹出的菜单中选择【放映设置】命令。

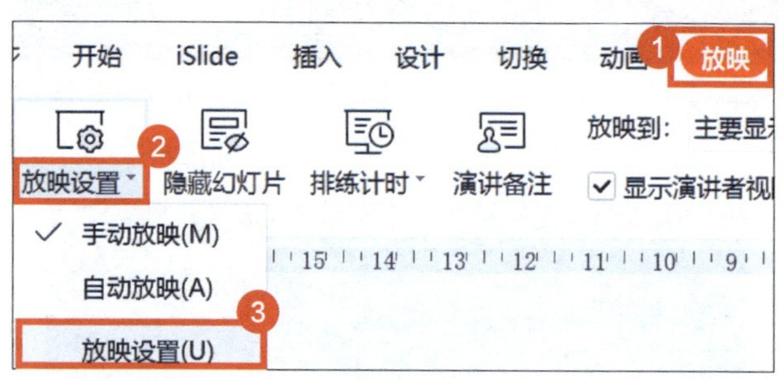

2 在【设置放映方式】对话框中选择【放映不加动画】选项，单击【确定】按钮，演示文稿在放映时就不会播放动画了。

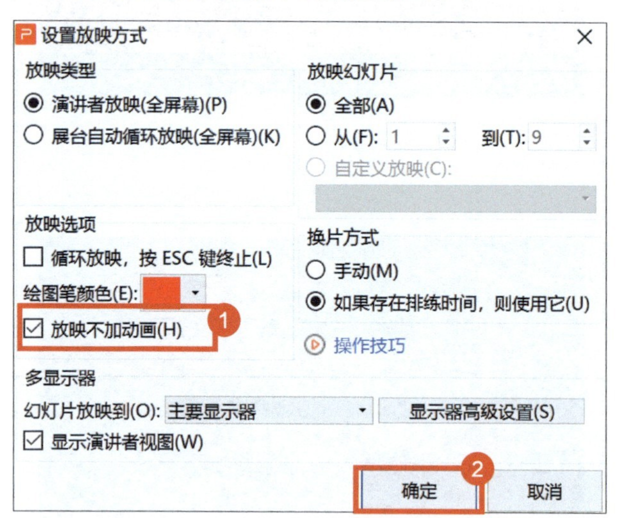

和秋叶一起学

秒懂 WPS 演示文稿

第 4 章

演示文稿创意设计

想要做出让人过目不忘的创意设计，难点在于如何将创意与场景完美地结合。本章将介绍在不同场景中，用 WPS 演示打造出创意性强的实用动画效果。

扫码回复关键词“WPS 演示”，下载配套操作视频

4.1 演示文稿的创意延伸场景

本节主要涉及演示文稿的创意应用，除了日常汇报外，演示文稿还可以延伸至邀请函、贺卡、简历等设计，甚至抽奖、投票等丰富的场景。

01 如何做邀请函?

一份漂亮的邀请函能给工作、生活带来很多仪式感，那么如何用WPS演示来制作一份简洁、漂亮的邀请函呢?

1 在【插入】选项卡中单击【文本框】图标，在弹出的菜单中选择【横向文本框】命令，新建3个文本框，分别输入“邀”“请”“函”3个字，并选择一种漂亮的字体，调整文字的大小和位置。

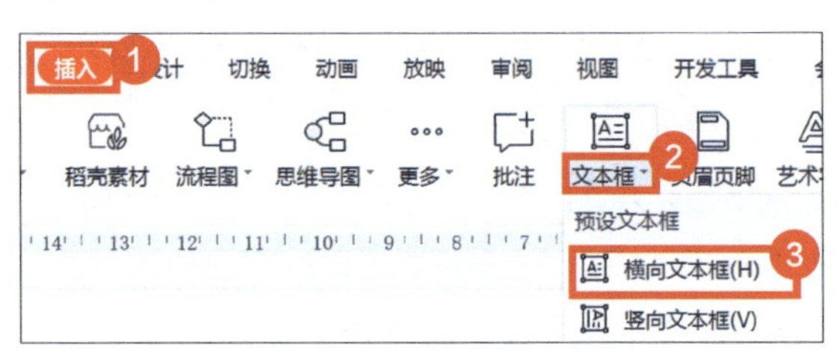

2 在【插入】选项卡中单击【文本框】图标，在弹出的菜单中选择【竖向文本框】命令，输入副标题和英文，并调整文字的字体、字号和位置。

3 全选所有文本框，在【绘图工具】选项卡中单击【合并形状】图标，在弹出的菜单中选择【结合】命令，就可以把所有文本框转换成一个形状。

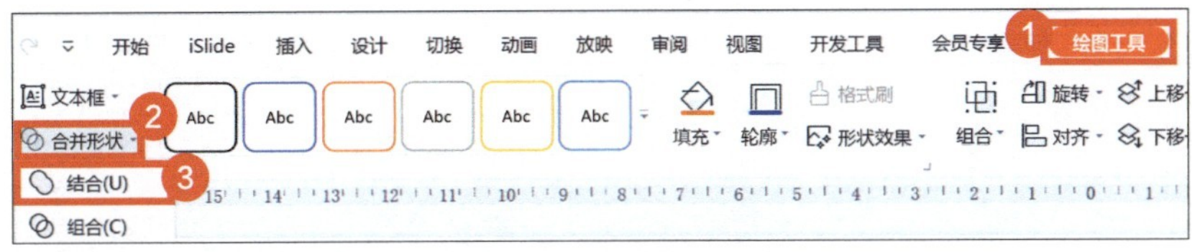

4 用鼠标右键单击形状，在弹出的菜单中选择【设置对象格式】命令。

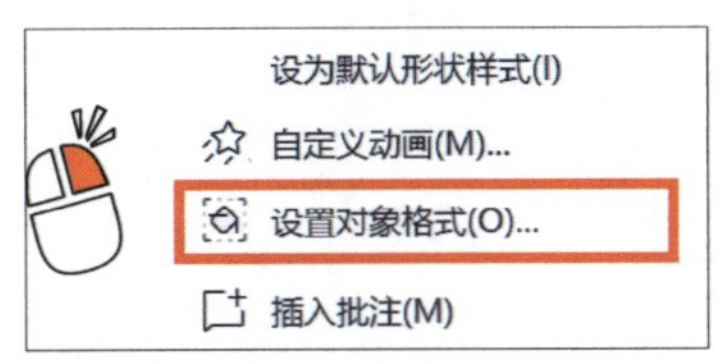

5 在【对象属性】面板中单击【形状选项】-【填充与线条】图标，在【填充】组中选择【图片或纹理填充】选项，在【图片填充】组中选择【本地文件】选项。

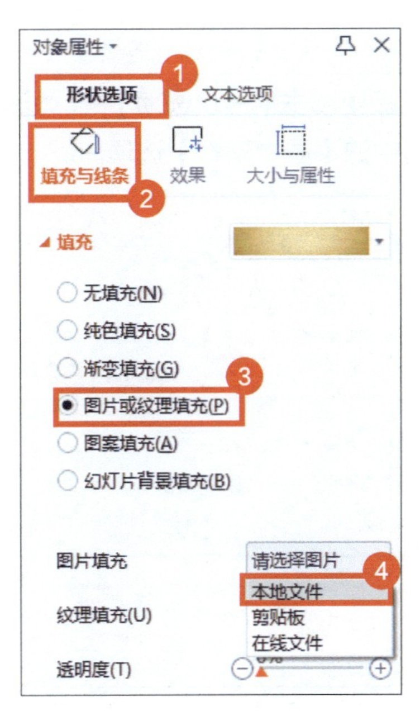

6 在弹出的【选择纹理】对话框中选择提前准备好的金色纹理图片，单击【打开】按钮完成插入。

7 在【对象属性】面板中单击【形状选项】-【效果】图标，在【阴影】组中选择【外部】组中的【居中偏移】选项。

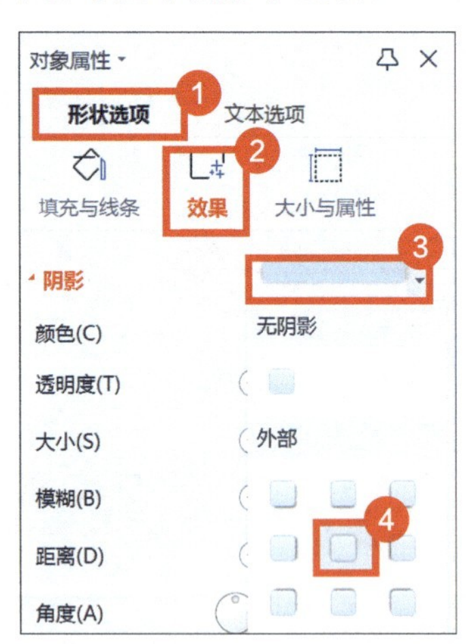

8 插入提前准备好的背景图片，右键单击图片，在弹出的菜单中选择【置于底层】命令。再插入邀请函的详细文案，一份邀请函就制作完成了。

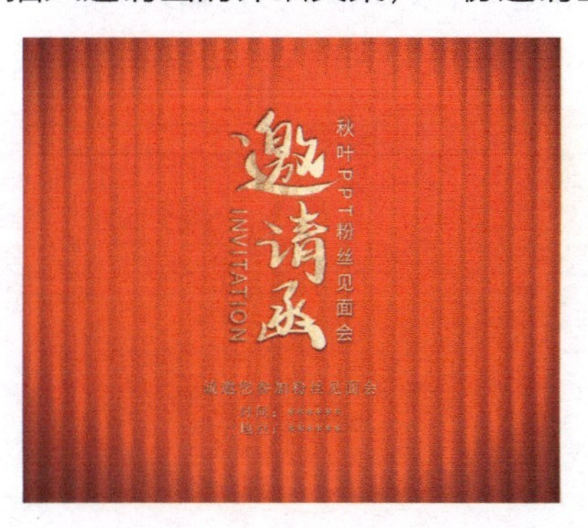

02 如何做新年贺卡？

制作一张专属的新年贺卡，既可以表达真挚的祝福，也可以展示自己的设计能力。那么，如何设计新年贺卡呢？

1 设置背景颜色为红色。在页面空白处单击鼠标右键，在弹出的菜单中选择【设置背景格式】命令；在弹出的面板中选择【纯色填充】选项，在【颜色】组中选择【标准颜色 – 深红】。

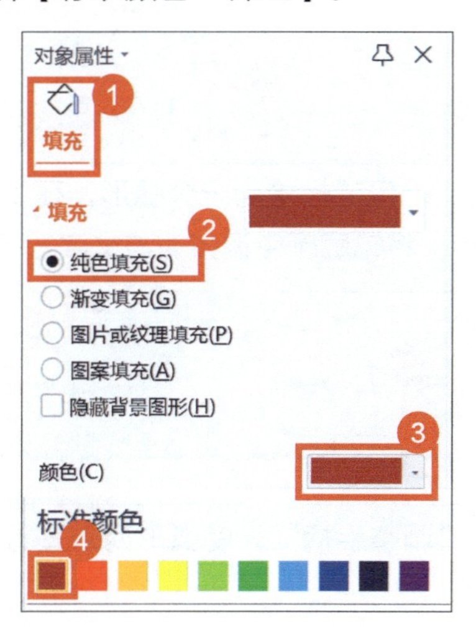

2 在【插入】选项卡中单击【文本框】图标，在弹出的菜单中选择【横向文本框】命令，新建4个文本框，分别输入“新”“年”“快”“乐”，选择一种书法字体，并调整文字的大小和位置，设置文字颜色为黄色。

3 在【插入】选项卡中单击【形状】图标，选择【基本形状】-【弧形】。

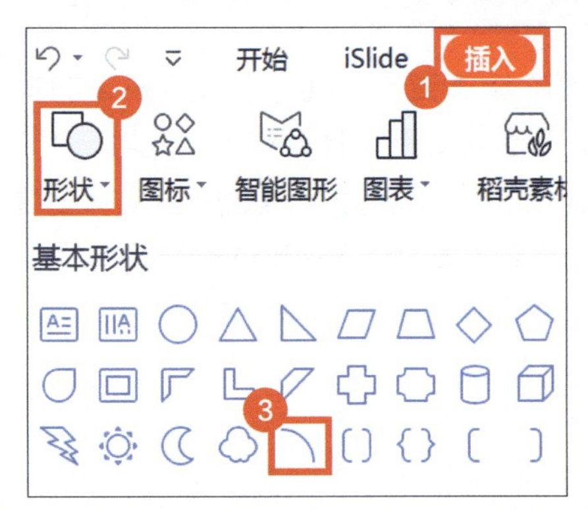

4 按住【Shift】键，拖曳鼠标绘制一个弧形，在【绘图工具】选项卡中单击【轮廓】图标，将轮廓颜色设置为与文字相同的黄色。

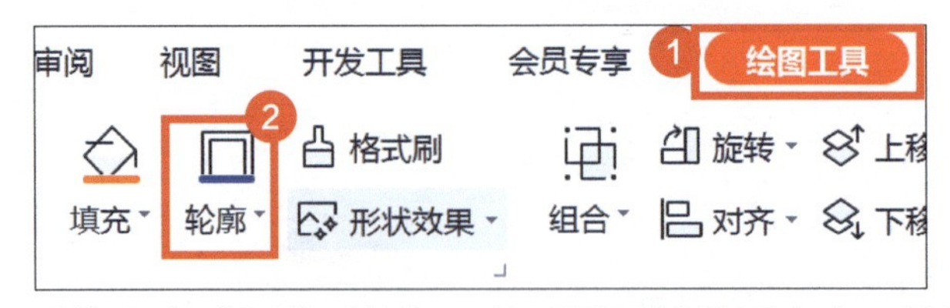

5 拖曳弧形的两个“调整手柄”，使弧形两端贴近文字，让弧形半包围文字。

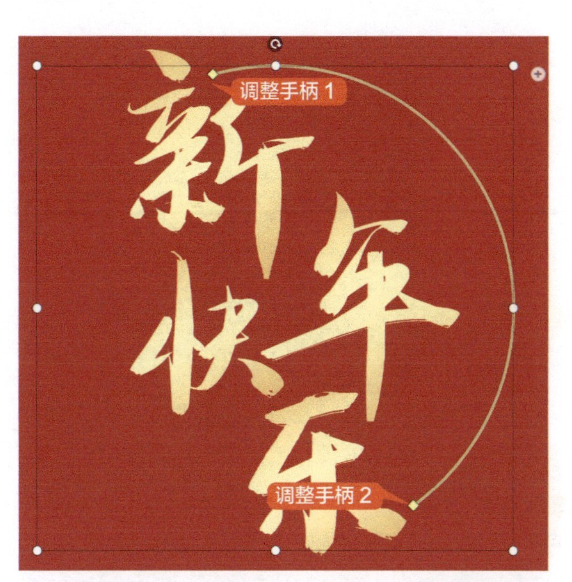

6 重复步骤 3 ~ 5 的操作，新建 3 个弧形，将文字全部包围。

7 在圆圈空白处添加祥云素材，丰富标题的层次感。最后再选择一张好看的背景图片，并完善祝福文案。

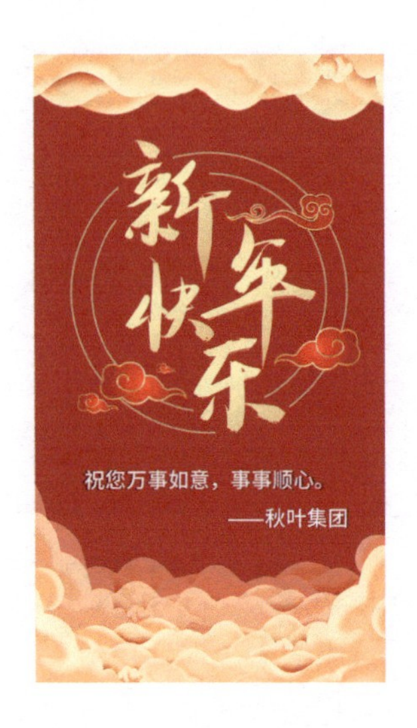

03 如何做求职简历？

WPS 演示作为一种设计工具，也可以用来设计制作求职简历。一份简历主要包括个人基础信息部分和履历部分，我们来看看如何用 WPS 演示来设计求职简历吧！

1 首先修改幻灯片大小。在【设计】选项卡中单击【幻灯片大小】图标，在弹出的菜单中选择【自定义大小】命令。

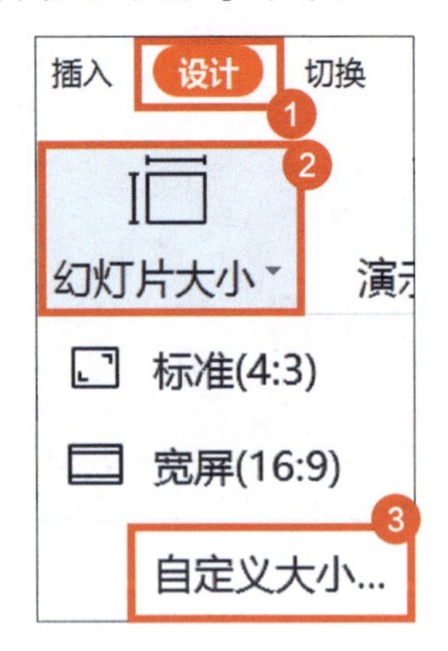

2 在弹出的对话框中将【幻灯片大小】设置为【A4 纸张（210×297 毫米）】，在【方向】组中选择【纵向】选项，单击【确定】按钮。

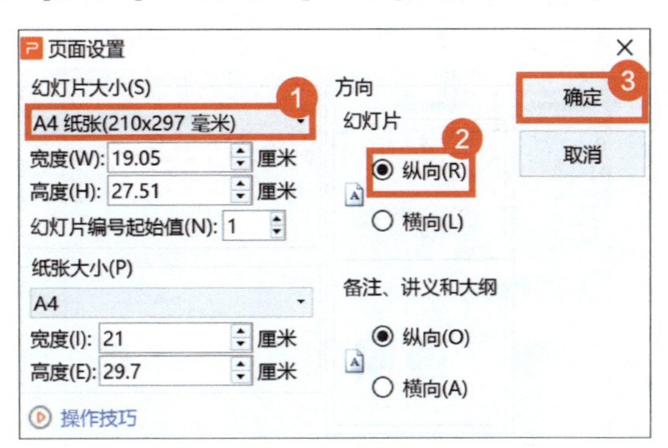

3 在弹出的对话框中单击【最大化】按钮。

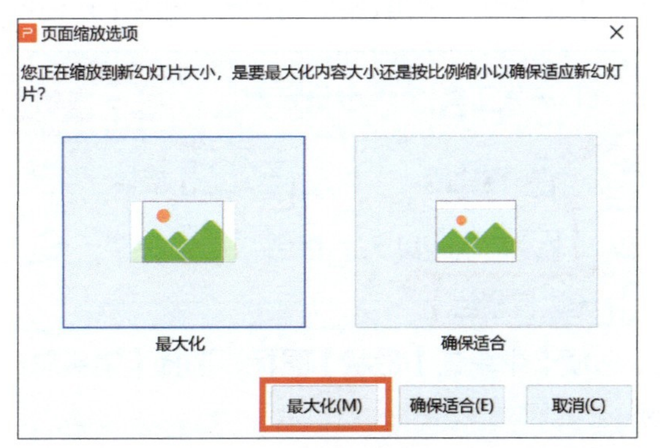

4 在【插入】选项卡中单击【形状】图标，选择【矩形】命令，绘制一个矩形。调整矩形与页面等高，宽度约为页面长度的 1/ 3。

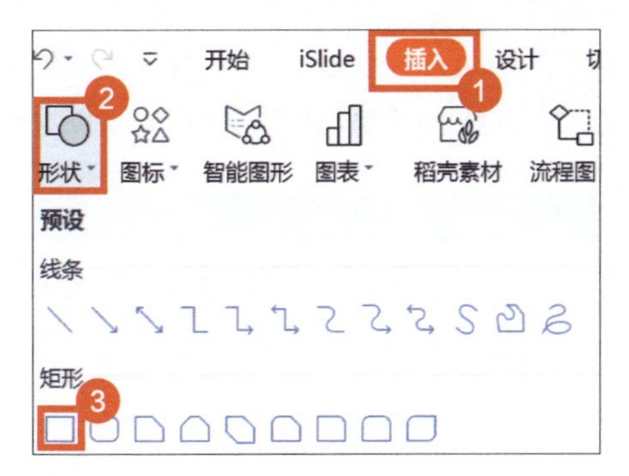

5 选中矩形后，在【绘图工具】选项卡中单击【填充】图标，在弹出面板中选择一种颜色进行填充。

6 在【绘图工具】选项卡中单击【轮廓】图标，选择【无边框颜色】命令。

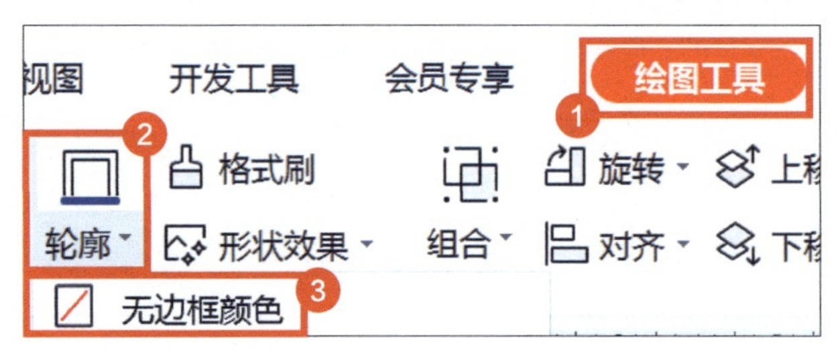

7 在【插入】选项卡中单击【形状】图标，选择【箭头总汇：五边形】命令。

8 按快捷组合键【Ctrl+C】和【Ctrl+V】，进行复制、粘贴，多复制几个箭头，并根据步骤6设置箭头填充和轮廓属性，把箭头摆放在下图所示相应位置。

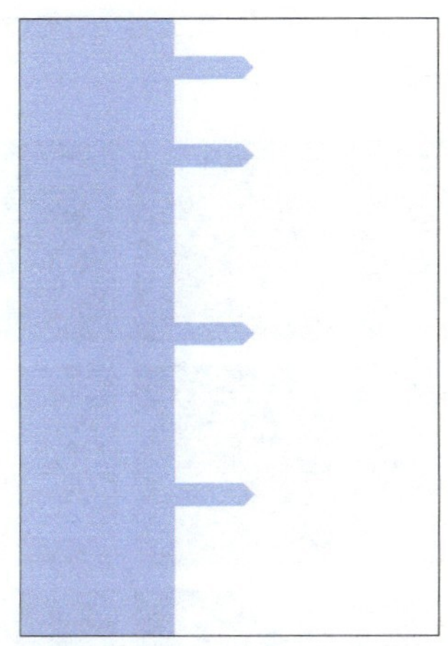

9 在左边矩形区域内，添加个人介绍文本信息，如姓名、基础信息、教育背景等。在箭头内添加小标题，如求职意向、学习经历、实习经历、自我评价等，一份简洁的简历就制作完成了。

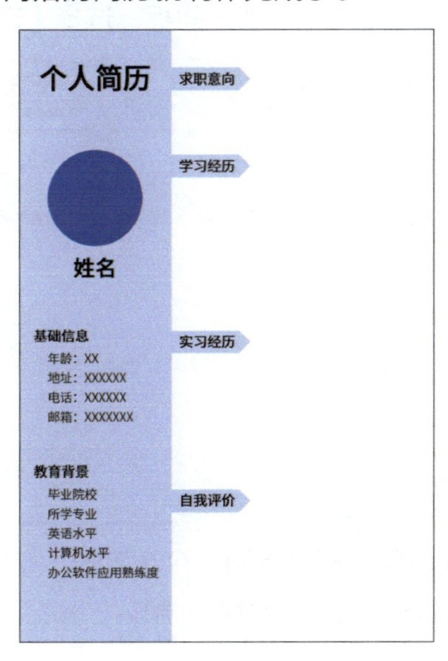

04 如何做朋友圈创意九宫格？

在朋友圈发照片时，九宫格排版是非常流行的方式。那么如何制作朋友圈的创意九宫格呢？

1 在【插入】选项卡中单击【形状】图标，选择【矩形】命令。

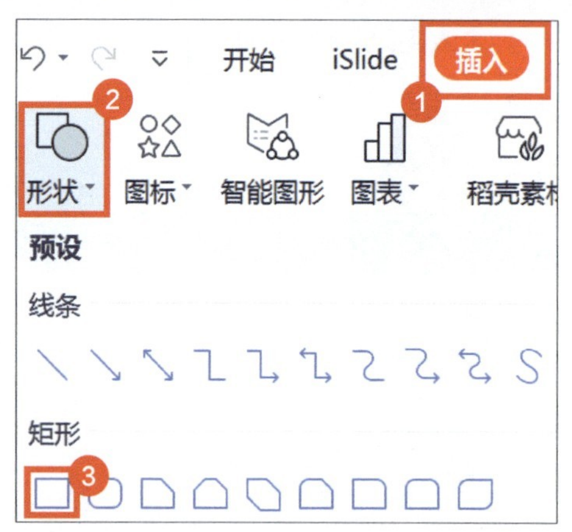

2 按住【Shift】键拖曳鼠标，绘制一个正方形，正方形大小约为图片的 1/ 9 即可。将正方形放置在图片左上角。

3 按住【 Ctrl 】键，同时将正方形向右拖曳，可快速复制出第 2 个正方形，重复上一步操作，复制出第 3 个正方形。

4 选中 3 个正方形，按住【 Ctrl 】键，将第 1 行正方形向下拖曳，复制出第 2 行正方形，然后重复上一步操作，复制出第 3 行正方形。

5 按住【Ctrl】键，先单击选中图片，再框选所有正方形，在【绘图工具】选项卡中单击【合并形状】图标，在弹出的菜单中选择【拆分】命令。

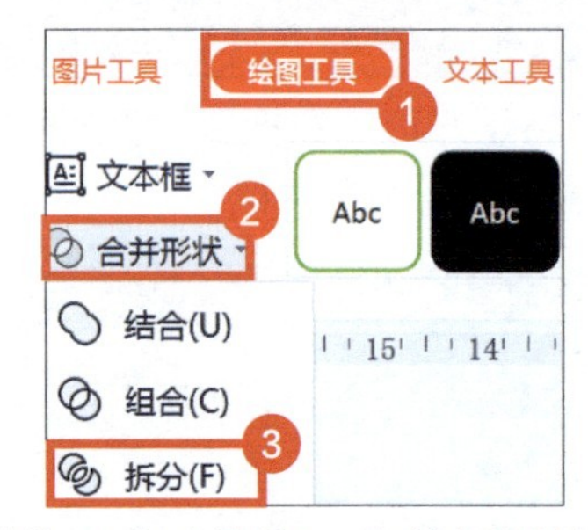

6 拆分后，图片被分为 9 张小图和一个外框图片。选中外框图片，按【Delete】键删除，九宫格就制作完成了。依次选择每一张小图，右键单击图片，在弹出的菜单中选择【另存为图片】命令即可导出。

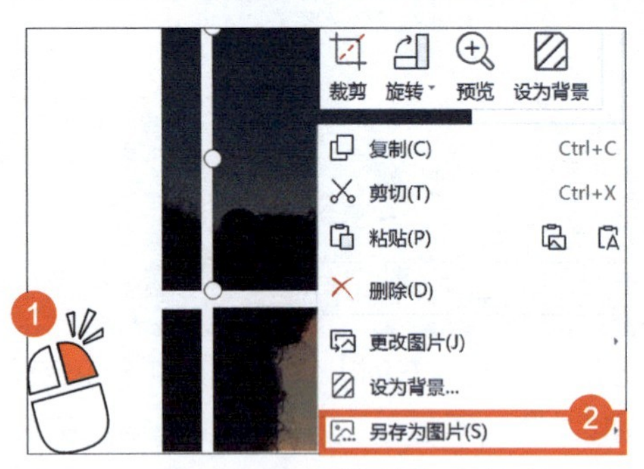

赶紧试试，用 WPS 演示把照片做成九宫格发朋友圈吧。

05 如何实现动态倒计时?

还在为制作年会倒计时视频时不会视频编辑软件而发愁吗? 别难为自己了，用 WPS 演示就能做出超豪华的动态倒计时效果!

1 在【插入】选项卡中单击【图片】图标，插入一张适合年会的背景图片，再单击【文本框】图标，在文本框中输入数字“5”。

2 右键单击文本框，在弹出的菜单中选择【设置对象格式】命令。

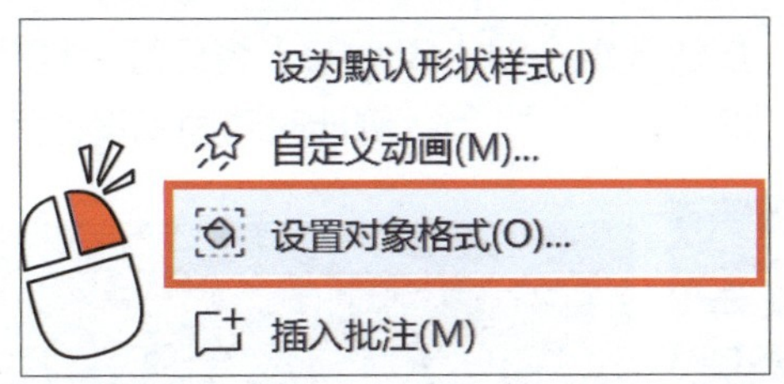

3 选中文本框，在【动画】选项卡中单击【缩放】图标。

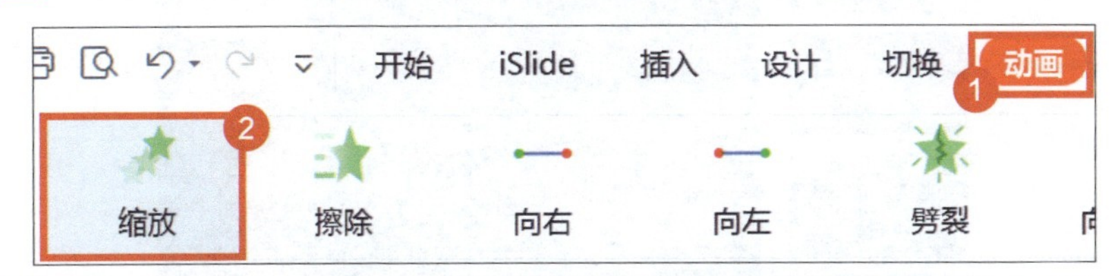

4 设置【缩放】动画的动画时间。在【自定义动画】面板中，将【开始】设置为“之前”，【缩放】设置为“内”，【速度】设置为“0.3 秒”。

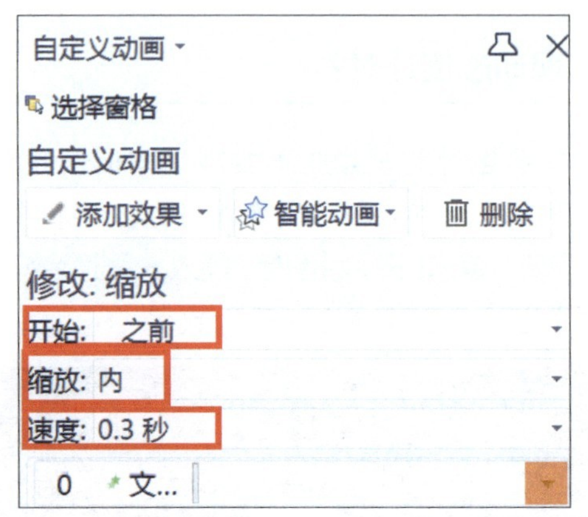

5 在【切换】选项卡中将【自动换片】设置为“00:00”。

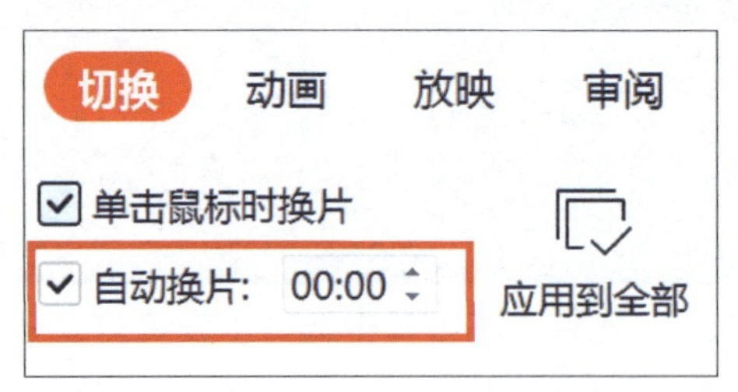

6 选中幻灯片，按快捷组合键【Ctrl+D】将幻灯片复制4次，依次修改数字为“4”“3”“2”“1”，倒计时动画就设计完成了。

06 如何做抽签动画?

不会编程，又想做一个抽签的小动画该怎么办？不用担心，用 WPS 演示可以实现这样的效果！

1 在【插入】选项卡中单击【文本框】图标，在每页幻灯片中分别输入相应标签的内容。

2 选中第一页，在【切换】选项卡中将【速度】设为“00.01”，再将【自动换片】设为“00:01”，单击【应用到全部】按钮。

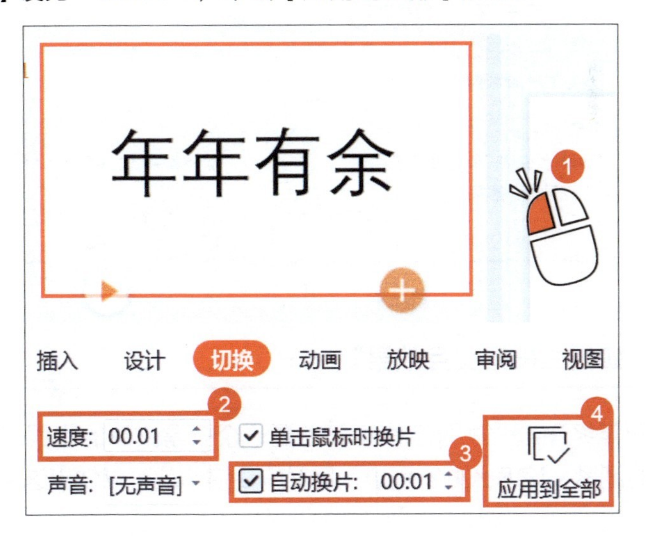

3 在【放映】选项卡中单击【放映设置】图标，在弹出的菜单中选择【放映设置】命令。

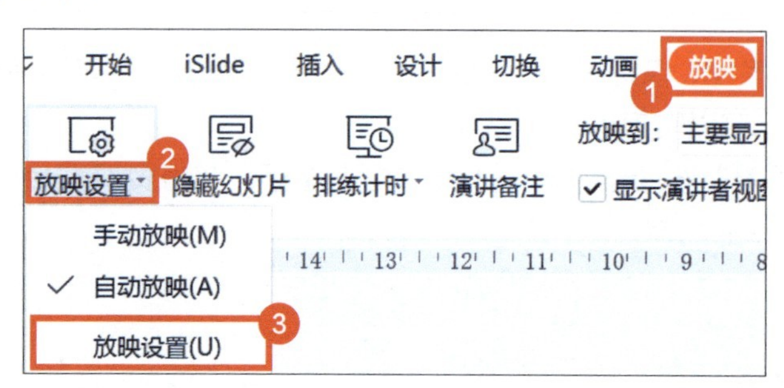

4 在弹出的对话框中选择【循环放映，按Esc键终止】复选项，单击【确定】按钮。最后按【F5】键进行播放，按数字【1】键就会暂停播放，按【Space】键则会继续播放，关键词抽签的小动画就做好了。

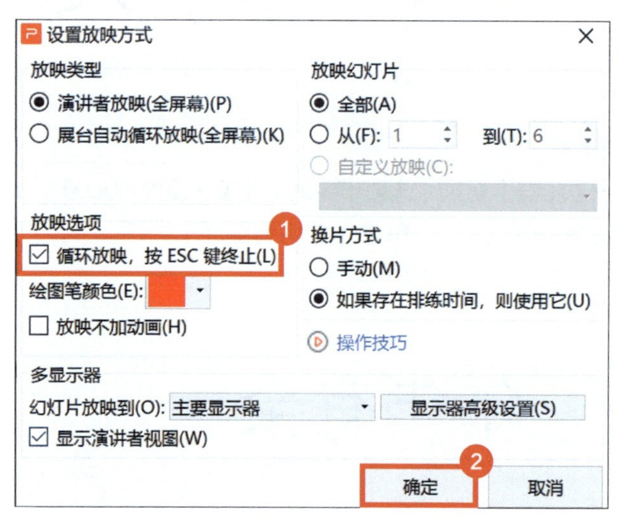

07 如何做投票交互效果?

公司年终评选“优秀工作者”需要一个投票交互的小程序，预算有限，时间紧，该怎么办？别急，用WPS演示就可以做出这种效果！

1 先将参选人员的头像图片排列好，在【插入】选项卡中单击【形状】图标，在弹出的菜单中选择【圆角矩形】命令，在每个头像下面复制多个，如下页图所示。

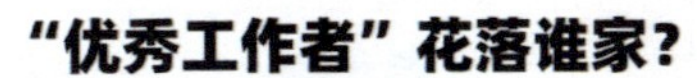

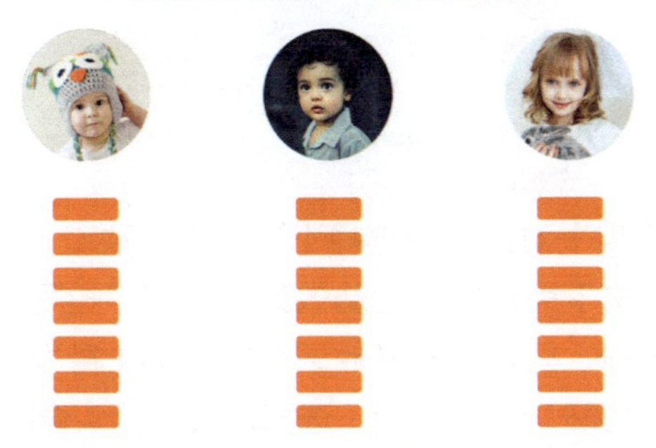

2 选中第一列最下面的一个圆角矩形，在【动画】选项卡中单击【出现】图标。

3 双击【动画刷】图标，依次从下往上单击单列的圆角矩形，将所有的圆角矩形都添加上动画，按【Esc】键退出【动画刷】状态。

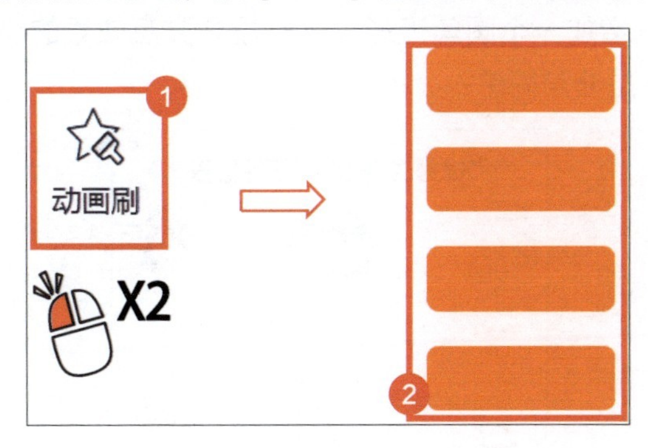

4 选中其中一位人员头像下面的一整列圆角矩形，在【对象属性】面板中右击【矩形】图标选择【效果选项】命令。

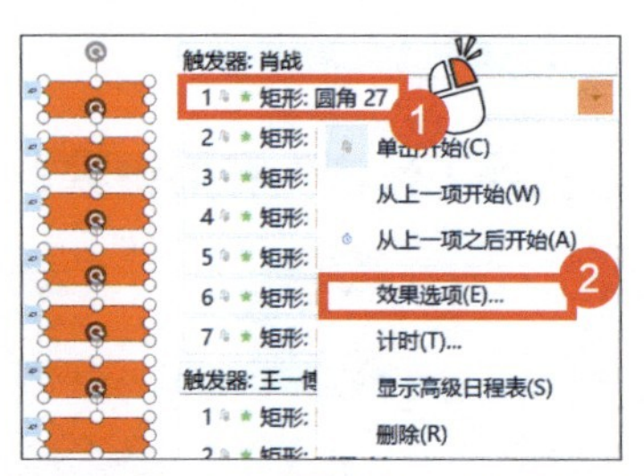

5 在弹出的【出现】对话框中选择【计时】选项卡，设置【触发器】触发条件为【单击下列对象时启动效果】，在下拉列表中选择这位人员头像图片的名称，同理，将其他圆角矩形的【触发器】触发条件设置为【单击下列对象时启动效果】，选择对应人员头像图片的名称即可。

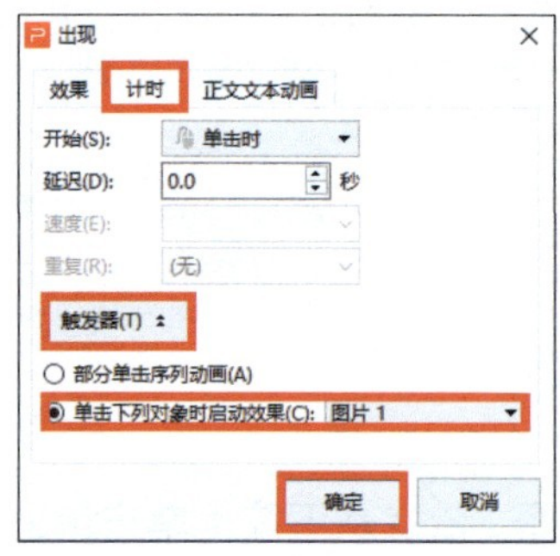

6 按【F5】键进行放映，参评者每获得一票，就单击一下对应的头像，下面的票数就增加一个圆角矩形，实时投票交互效果的小程序就设计完成了，是不是非常简单?

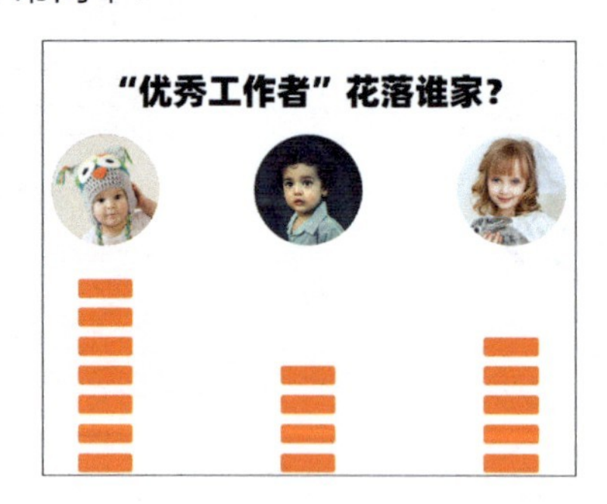

4.2 演示文稿的创意页面设计

本节主要涉及演示文稿的创意页面设计，用简单实用的技巧，做出海报级别的页面设计，足以惊艳全场。

01 如何做出有文艺感的意境图？

很多同学想到好看的图片，第一时间就会想到Photoshop，实际上，用 WPS 演示也能做出文艺感的意境图。学会这个小技巧，配图瞬间就高端大气！

1 在【插入】选项卡中单击【形状】图标，选择【圆角矩形】命令。

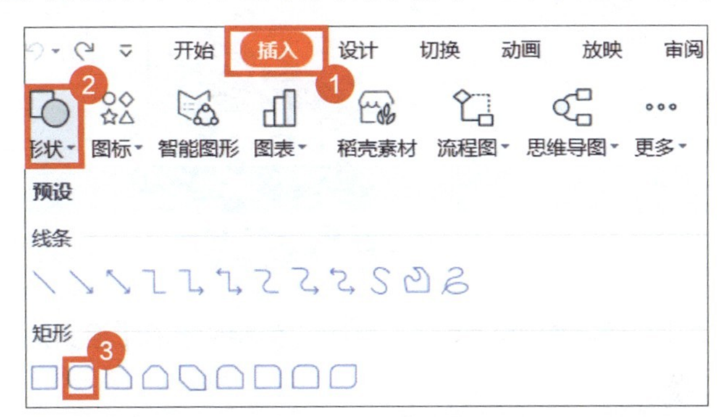

2 按住鼠标左键拖曳圆角的控点，调整圆角至最大，并旋转角度。

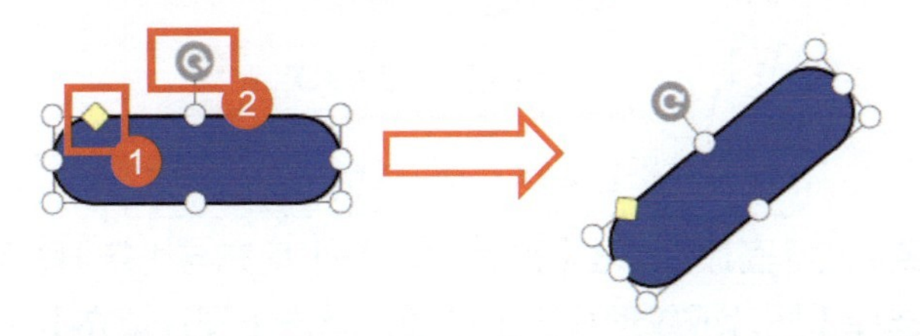

3 多次按快捷组合键【Ctrl+C】和【Ctrl+V】批量复制圆角矩形，并调整部分圆角矩形的位置和大小，全选所有内容后，按快捷组合键【Ctrl+G】进行组合。

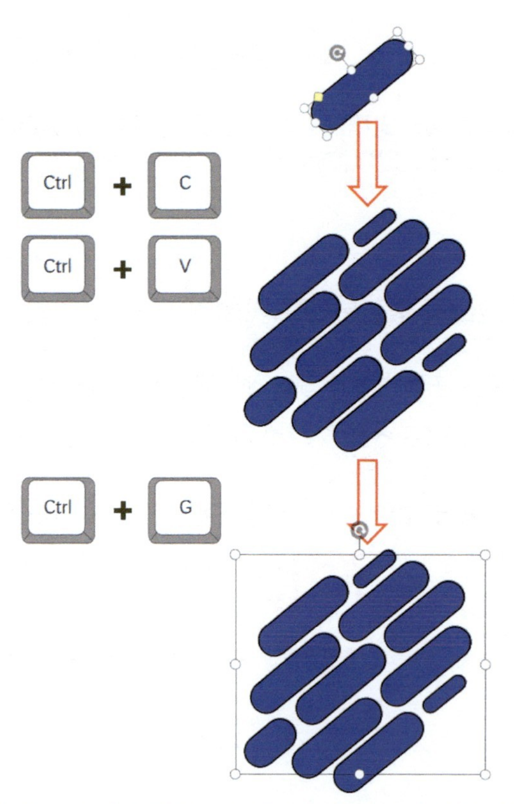

4 右键单击形状组合后的形状，在弹出的菜单中选择【设置对象格式】命令。

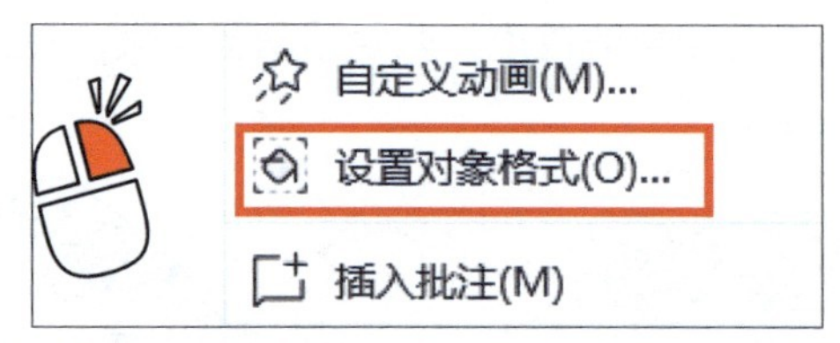

5 在【对象属性】面板中单击【形状选项】-【填充与线条】图标，在【填充】组中选择【图片或纹理填充】选项，单击【图片填充】-【请选择图片】。

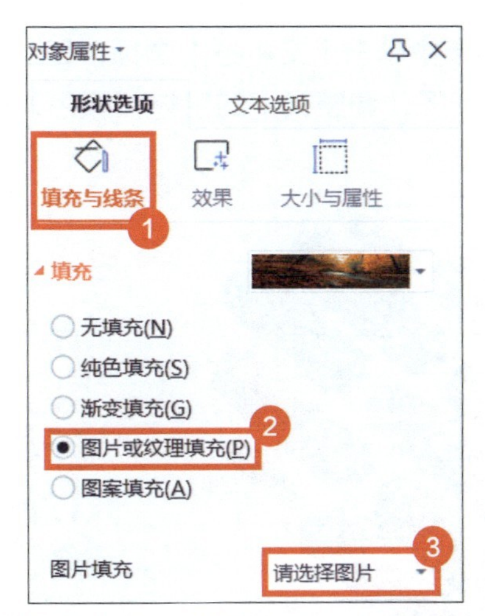

6 在下拉列表中选择【本地文件】选项，在弹出窗口找到需要的图片并打开。

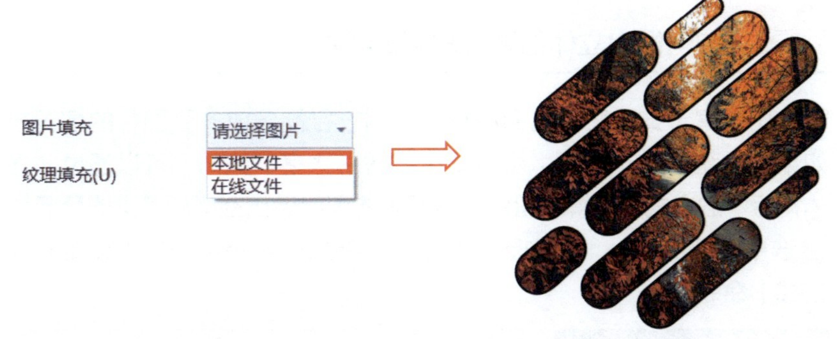

7 选中组合后的形状，在【绘图工具】选项卡中选择【轮廓】-【无边框颜色】命令，去掉形状的边框。

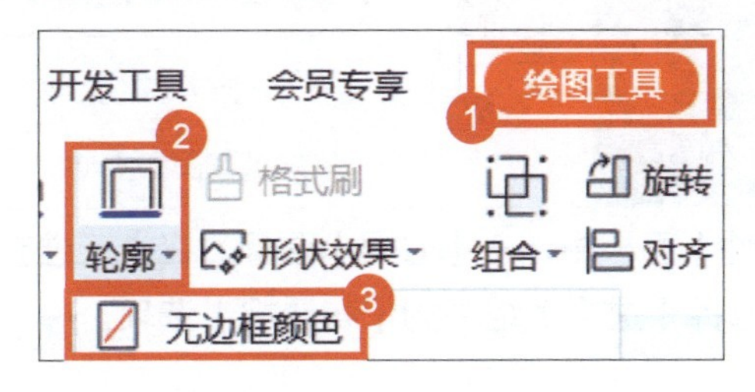

8 在【插入】选项卡中单击【文本框】图标，在空白处添加文本框，输入文艺的诗词或句子，调整文字的字体和颜色，得到一张具有文艺感的意境图。

空山新雨后，天气晚来秋。明月松间照，清泉石上流。

02 如何做出立体的图片排版效果？

在做演示文稿时，我们经常会遇到一行需要放多张图片的情况，如果图片全部缩小的话，会导致上下留白太多。这时，可以通过“立体排版”的方式，在解决留白太多问题的同时做出空间感满满的页面！

1 选中左侧的图片，单击鼠标右键，在弹出的菜单中选择【设置对象格式】命令。

2 在【对象属性】面板中单击【效果】图标，在【三维旋转】组的【预设】下拉列表选择【透视】组中的【右透视】选项。

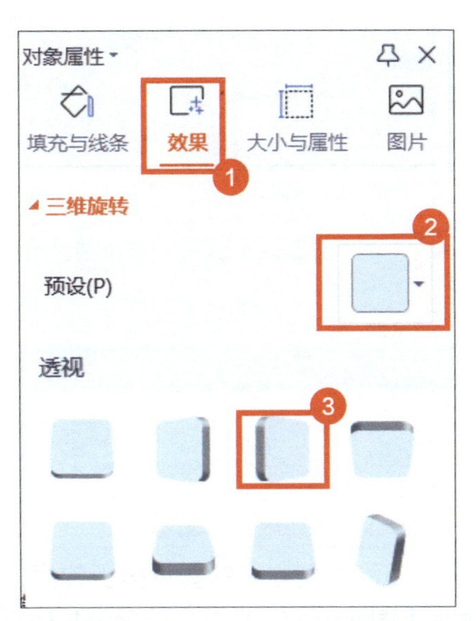

3 把【透视】参数调整为“75.0° ”，得到向右倾斜的图片。

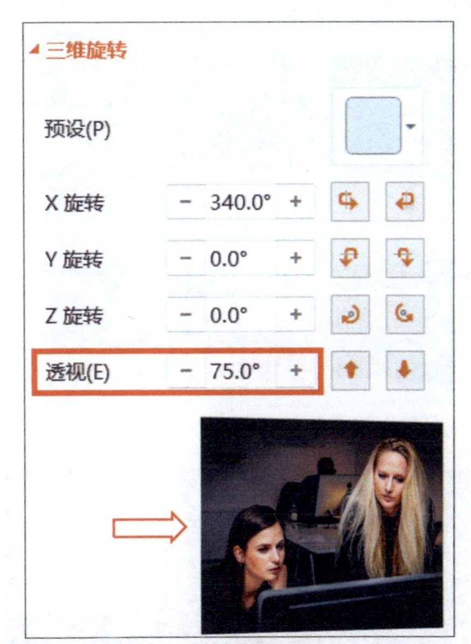

4 选择右侧的图片，重复步骤1和步骤2的操作，选择【左透视】效果，重复步骤3的操作，得到向左倾斜的图片。

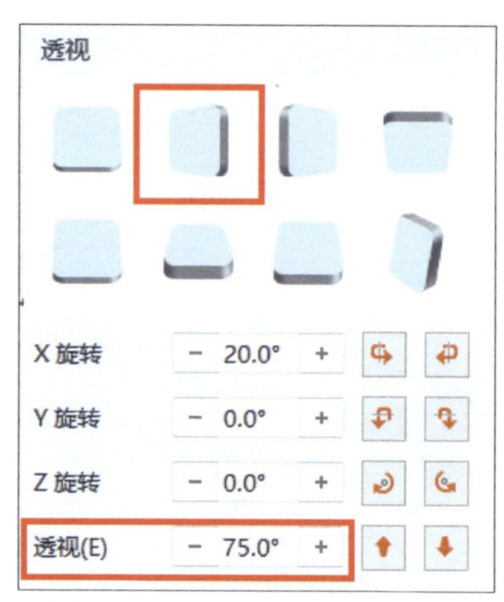

5 调整 3 张图片的大小，得到立体的图片排版效果，再在【插入】选项卡中单击【文本框】图标，插入文字，设置图片边框和背景等细节，一张空间感满满的页面就设计完成了。

03 如何制作有高点赞量的朋友圈海报？

想要做出有高点赞量的朋友圈海报，不会 Photoshop 怎么办？别怕，WPS 演示也能帮你全部搞定！

1 在【设计】选项卡中单击【幻灯片大小】图标，在弹出的菜单中选择【自定义大小】命令。

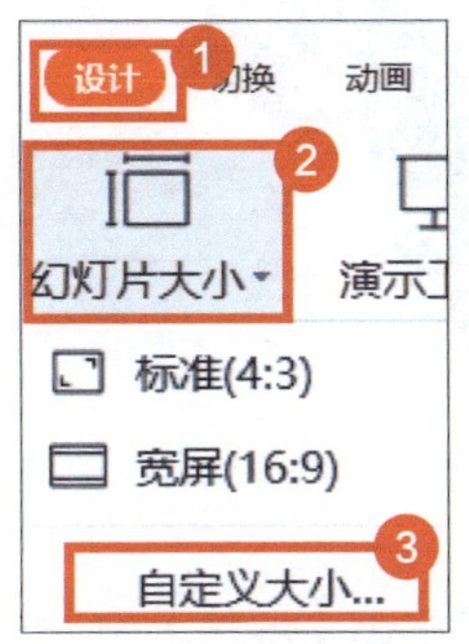

2 弹出【页面设置】对话框，在【方向】组中设置【幻灯片】为【纵向】，【备注、讲义和大纲】为【纵向】，即可改变画布方向。

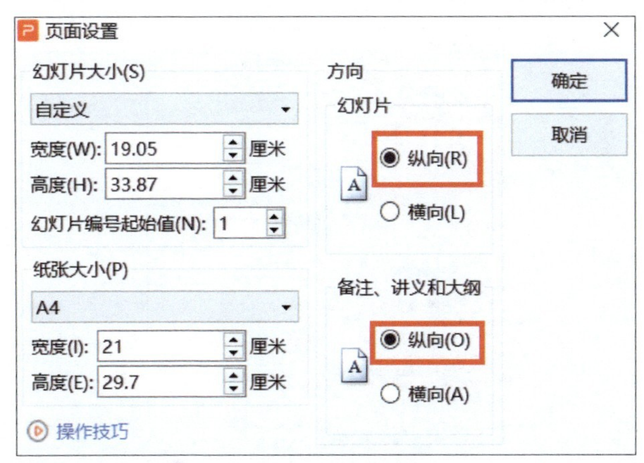

3 单击事先准备好的图片，按快捷组合键【Ctrl+C】进行复制，把墨迹形状放大至能覆盖图片，适当旋转调整位置，单击鼠标右键，在弹出的菜单中选择【设置对象格式】命令。

4 在【对象属性】面板中单击【形状选项】-【填充与线条】图标，在【填充】组中选择【图片或纹理填充】选项，在【图片填充】下拉列表中选择【剪贴板】选项。

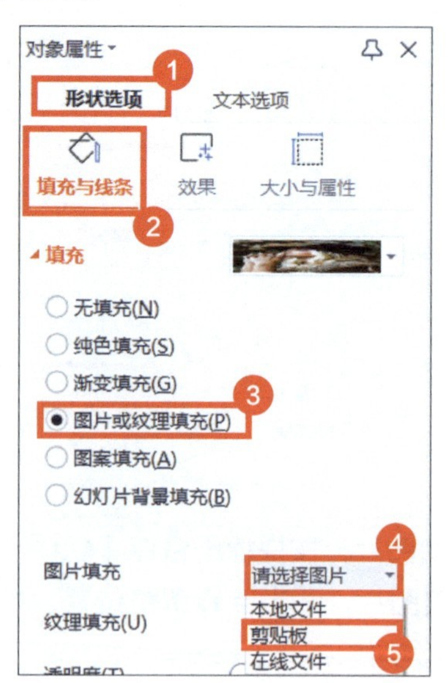

5 在剪贴选项中取消【与形状一起旋转】选项的选择，即可得到填充后的墨迹图片。

6 在【插入】选项卡中选择【文本框】-【竖向文本框】命令，在页面右下角添加文字，一张超高颜值的海报就设计完成了。

04 如何做出创意墨迹效果?

前面我们介绍了如何做出有高点赞量的朋友圈海报，相信大家都已经跃跃欲试了，但是免费的墨迹素材去哪里下载似乎成了一个问题。实际上，用 WPS 演示自带的文本框就可以写出墨迹效果、做出创意墨迹海报。

1 将画布方向更改为纵向。

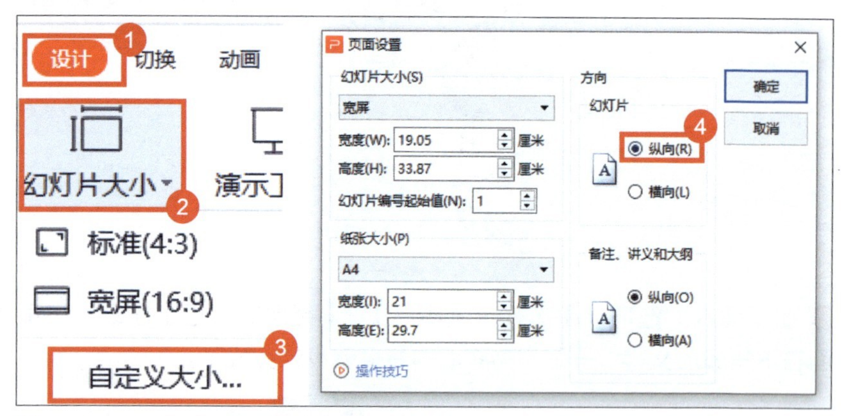

2 在【插入】选项卡中单击【文本框】图标，输入大写字母“I”。

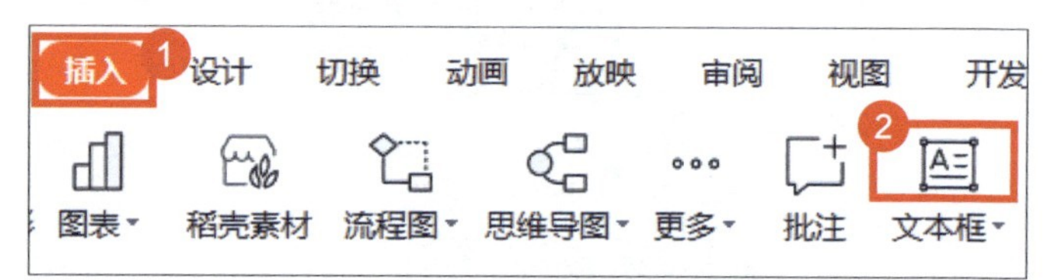

3 修改字体为“Road Rage”，重复单击【增大字号】按钮，把字母调整到适合的大小，得到墨迹笔画。

4 按快捷组合键【Ctrl+C】进行复制，多次按快捷组合键【Ctrl+V】进行粘贴，调整笔画的位置，得到较粗的墨迹形状。

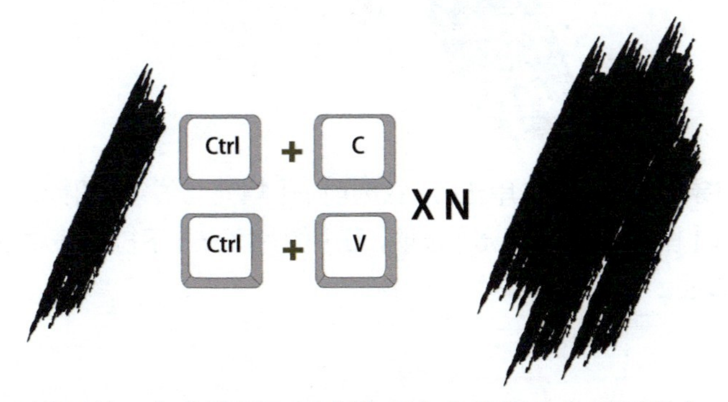

5 选中墨迹形状，在【绘图工具】选项卡中选择【合并形状】-【结合】命令，得到结合后的墨迹形状。

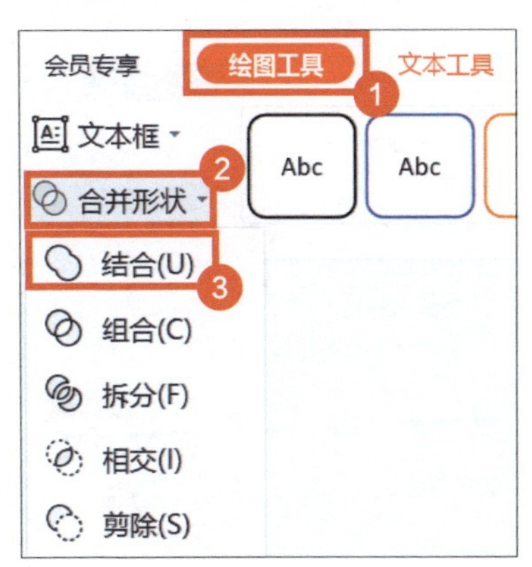

6 单击事先准备好的图片，按快捷组合键【Ctrl+C】进行复制，把墨迹形状放大，右键单击图片，在弹出的菜单中选择【设置对象格式】命令。

7 在【对象属性】面板中单击【形状选项】-【填充与线条】图标，在【填充】组中选择【图片或纹理填充】选项，在【图片填充】下拉列表中选择【剪贴板】选项。

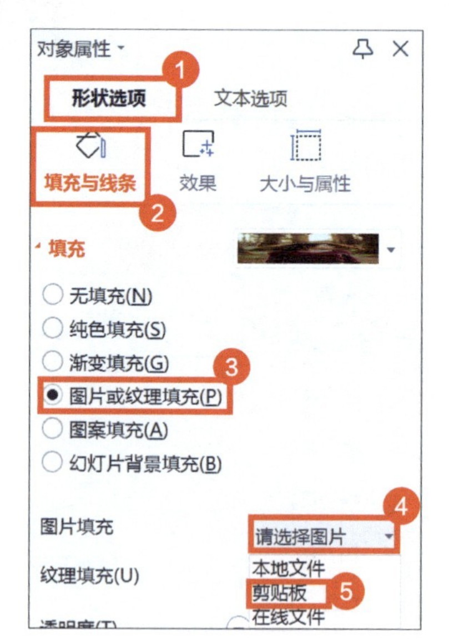

8 在【插入】选项卡中单击【文本框】图标，在页面左上角添加文字，即可得到创意墨迹海报。

05 如何利用文字拆分制作创意海报？

我们在海报设计中经常会看到把笔画拆分后再进行二次设计的处理方式，这样的手法能让海报更有高级感。下面介绍在 WPS 演示中怎样利用文字拆分，做出创意海报。

1 在【插入】选项卡中单击【文本框】图标，插入文本框，输入文字“赢”，选择一个好看的字体，适当调整文字大小。

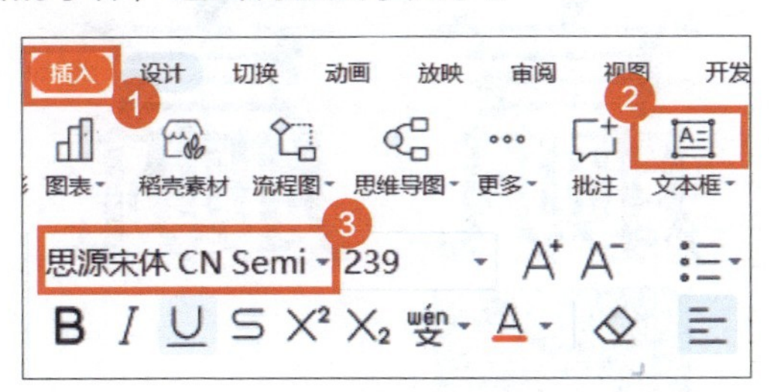

2 在【插入】选项卡中单击【形状】图标，在弹出的菜单中选择【矩形】命令，插入一个矩形。

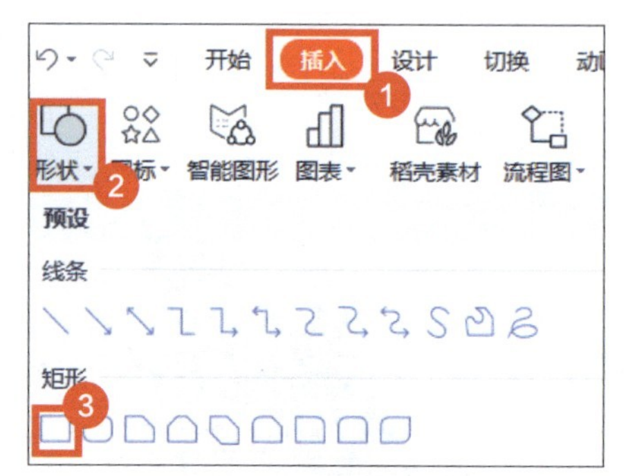

3 同时选中文字和矩形，单击【绘图工具】选项卡，选择【合并形状】-【拆分】命令，即可得到拆分后的形状。

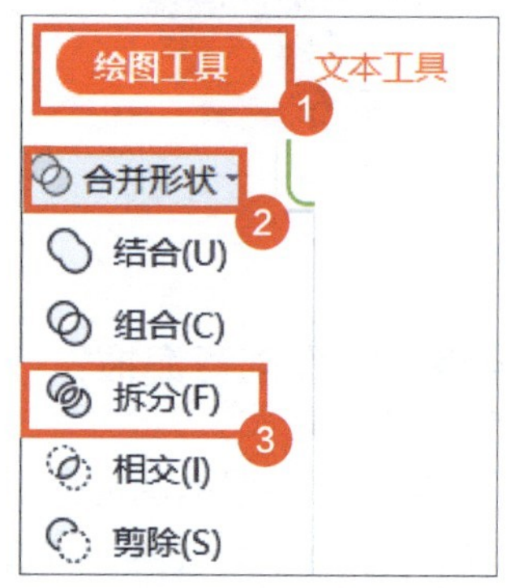

4 选中文字中多余的黑色色块和矩形，按【Delete】键删除，得到拆分笔画后的文字形状。

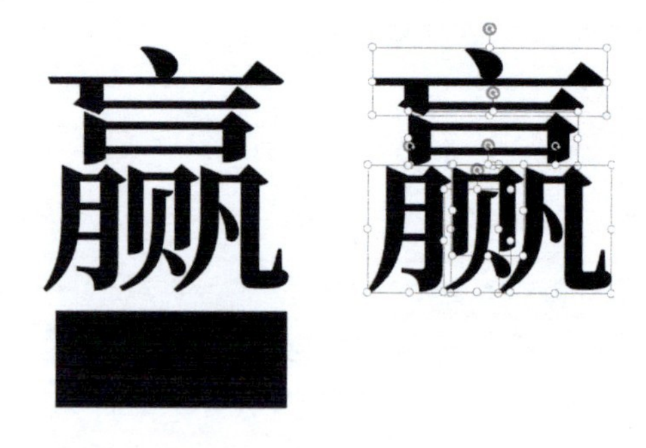

5 调整拆分后的各个文字部位的大小和倾斜角度，在【插入】选项卡中单击【文本框】图标，输入其余文字和标题修饰并调整版式，一张创意十足的海报就设计完成了。

06 如何借助表格做出高端大气的封面？

只有一张图和文字，如何做出高端大气的封面？用好 WPS 演示自带的表格，想做出高级感的封面页也很简单，一起来看看吧！

1 在【插入】选项卡中单击【表格】图标，选择“5×4”的表格并插入。

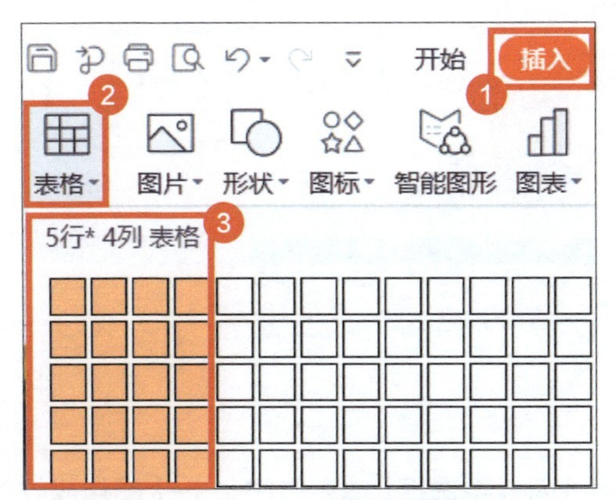

2 将鼠标指针移到表格右下角，按住鼠标左键，当看到十字标志时，往右下角拖曳，将表格大小调整至和事先选择好的图片一样的大小。

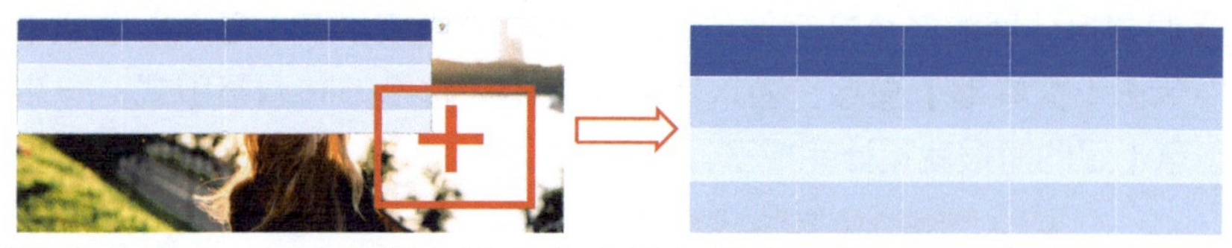

3 选中表格，在【开始】选项卡中单击【排列】图标，在弹出的菜单中选择【置于底层】命令。

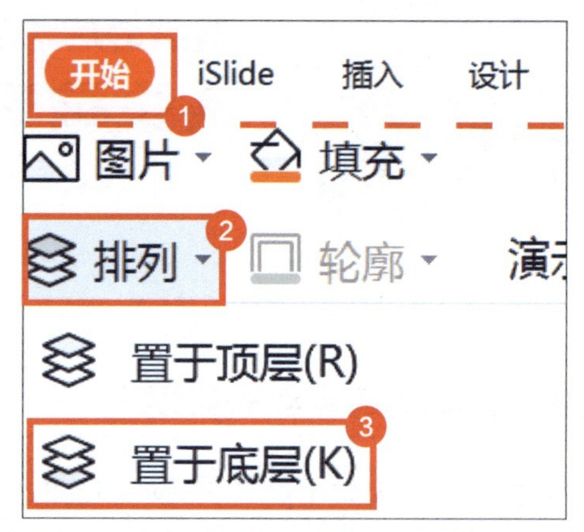

4 选中图片，按快捷组合键【Ctrl+X】进行剪切，选中整个表格，右键单击，在弹出的菜单中选择【设置对象格式】命令。

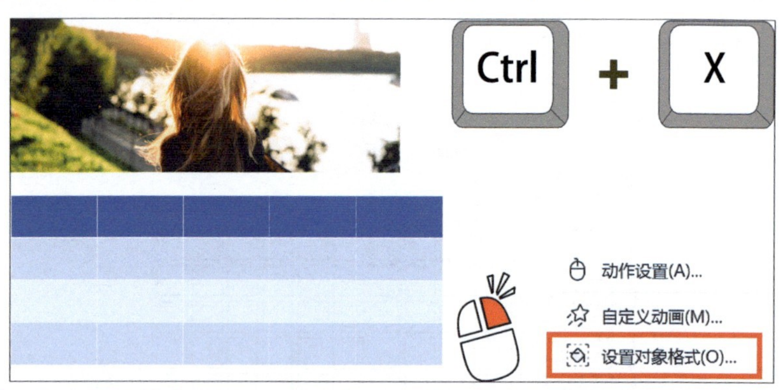

5 在【对象属性】面板中选择【填充与线条】-【图片或纹理填充】选项，在【图片填充】中选择【剪贴板】命令，并选择下方【放置方式】为【平铺】，得到填充图片后的表格。

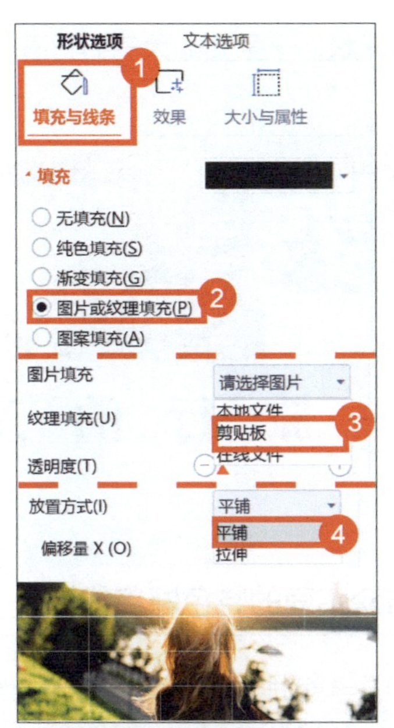

6 鼠标光标放到其中一个单元格中，在【表格样式】选项卡中单击【填充】下拉按钮，将颜色改为“白色”，随机挑选几个单元格进行相同处理。

7 添加文字、线条和形状，一张高端大气的封面就设计完成了。

07 如何做出与众不同的特色断点线框?

在设计演示文稿的封面时，我们可以用断点线框来增强封面的设计感。是不是还在用线条拼接费时费力地做断点线框？这里介绍一种更加简单灵活的方法，做出与众不同的特色断点线框！

1 在【插入】选项卡中单击【形状】图标，在弹出的菜单中选择【矩形】命令。

2 右键单击矩形，在弹出的菜单中选择【设置对象格式】命令。

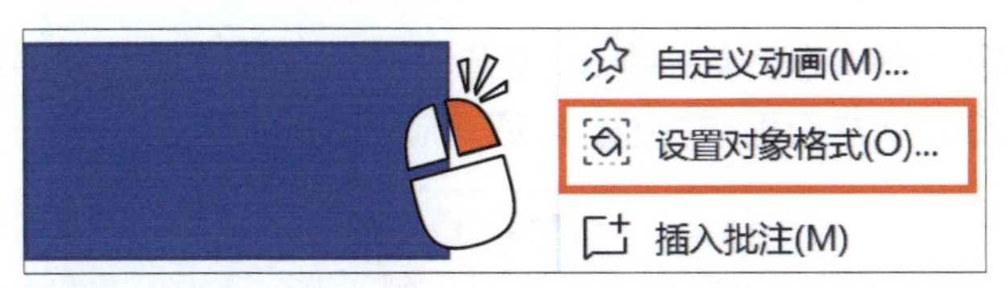

3 在【对象属性】面板中单击【形状选项】-【填充与线条】图标，在【填充】组中选择【无填充】选项。

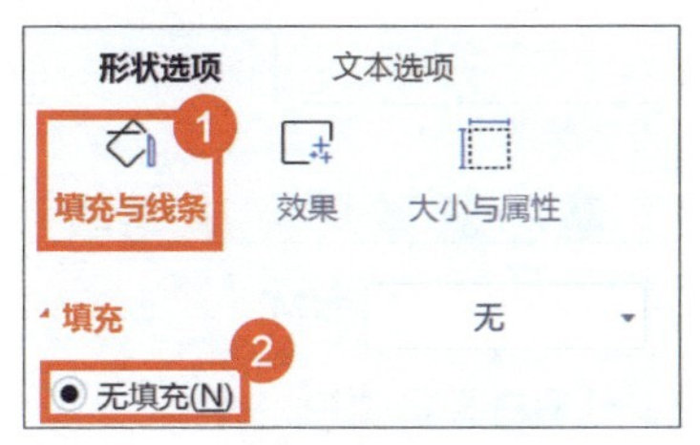

4 在下方的【线条】组中，选择【实线】选项，单击【颜色】图标，选择【白色】，并调整【宽度】数值为“6.00 磅”，得到一个白色的线框。

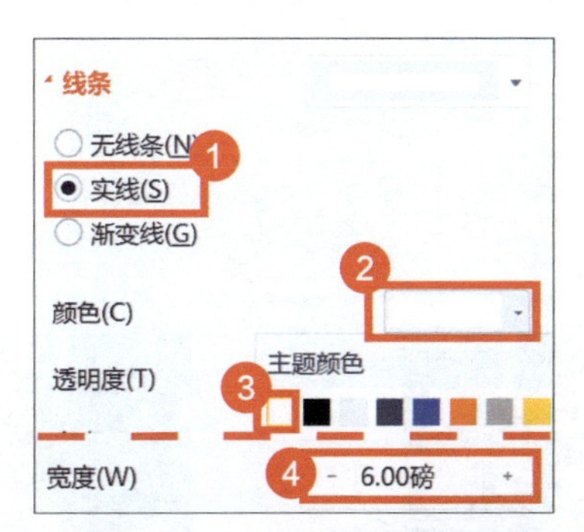

5 重复步骤 1 的操作，插入一个较小的矩形，放置在线框上。

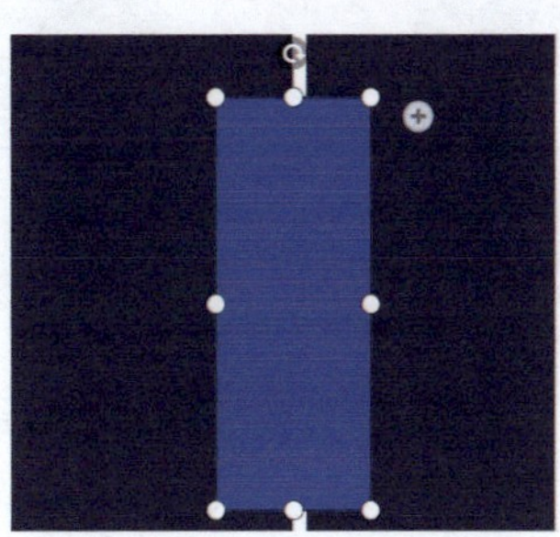

6 在【绘图工具】选项卡中单击【填充】图标，在弹出的菜单中选择【取色器】命令，单击页面空白处，吸取对应位置的颜色。

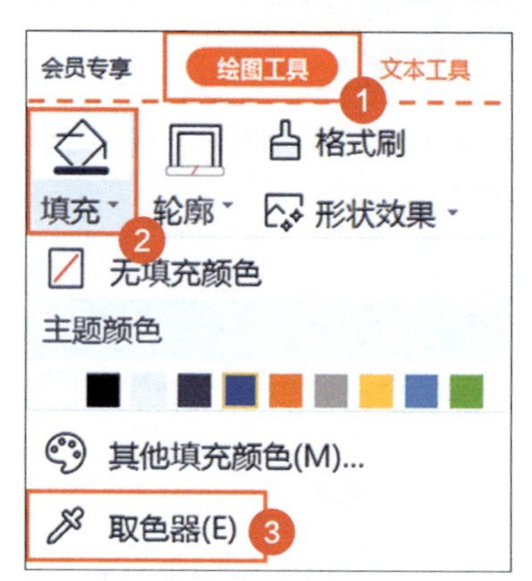

7 再单击【轮廓】图标，在弹出的菜单中选择【无边框颜色】命令，即可得到部分被矩形遮挡的视觉上自然断开的线框。

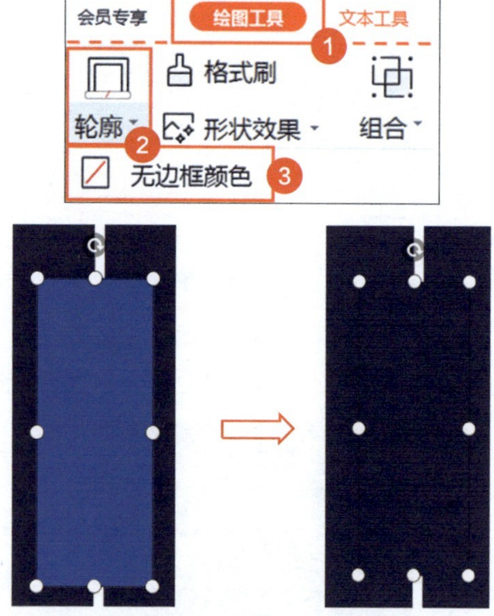

8 将得到的矩形复制放到其他位置，可任意选择线框断开的位置和长度。

9 添加文字，一个高端大气的封面就设计完成了。